科学出版社"十四五"普通高等教育本科规划教材

Web 网页设计与前端开发案例教程
（第三版）

丁海燕　编著

科　学　出　版　社

北　京

内 容 简 介

本书根据作者多年的实际教学经验积累而创作，围绕一个综合网站实例，采用任务驱动和案例教学法组织教材内容，系统地介绍了 Web 前端开发技术(HTML5、CSS3、JavaScript)与可视化网页开发工具 Dreamweaver CC 2019 的使用方法。

本书共 12 章，包括网页设计概述、HTML 基础、HTML5 新功能、Dreamweaver CC 2019 概述、Dreamweaver 网页制作入门、CSS、网页布局和排版、行为、创建表单、模板与库、网站综合实例、JavaScript 语言基础等内容。

本书案例丰富，将 Web 开发技术与实例应用相结合，并提供基于实例制作的教学微视频、电子课件、源程序、素材。读者按案例步骤操作就能够掌握网页制作的各个知识点，并提高综合应用的能力。

本书可作为高校数字媒体专业或本科"网页设计"课程的教材，也可作为网页制作人员的参考用书。

图书在版编目(CIP)数据

Web 网页设计与前端开发案例教程 / 丁海燕编著. — 3 版. —北京：科学出版社，2021.11
（科学出版社"十四五"普通高等教育本科规划教材）
ISBN 978-7-03-070713-0

Ⅰ. ①W… Ⅱ. ①丁… Ⅲ. ①网页制作工具－程序设计－高等学校－教材 Ⅳ. ①TP393.092.2

中国版本图书馆 CIP 数据核字(2021)第 237050 号

责任编辑：于海云 / 责任校对：王 瑞
责任印制：张 伟 / 封面设计：迷底书装

科学出版社 出版
北京东黄城根北街 16 号
邮政编码：100717
http://www.sciencep.com

北京厚诚则铭印刷科技有限公司 印刷
科学出版社发行 各地新华书店经销
*
2012 年 10 月第 一 版 开本：787×1092 1/16
2021 年 11 月第 三 版 印张：17
2023 年 8 月第三次印刷 字数：420 000

定价：68.00 元
（如有印装质量问题，我社负责调换）

前　言

在互联网飞速发展的时代，计算机、手机 APP 和互联网网站无处不在，Web 开发成为软件开发领域的重要开发内容之一。Web 前端开发与普通的网页设计比较相比，其特点是更加注重 CSS 和 JavaScript 的运用，这样可以设计出更美观的网页，并能实现前端网页间良好的交互。

Web 前端开发从网页制作演变而来，是创建 Web 页面或 APP 等前端界面呈现给用户的过程，通过HTML、CSS及JavaScript以及衍生出来的各种技术、框架、解决方案，来实现互联网产品的用户界面交互。在互联网的演化进程中，网页制作是 Web1.0 时代的产物，早期静态网站以图片和文字为主，用户使用网站的行为也以浏览为主。随着互联网技术的发展和HTML5、CSS3 的应用，现代网页更加美观，交互效果显著，功能更加强大。开发 Web 应用程序，设计精美、独特的网页已经成为当前的热门技术。

本书根据作者多年的 Web 设计与开发教学经验积累而创作，面向 Web 前端开发初学者，全面系统地讲解 HTML 基础及 HTML5 新特性、层叠样式表及 CSS3 新特性、JavaScript 基础知识和编程技巧，为使用各种流行的前端框架打下牢固的基础。本书通过大量实例，将可视化网页开发工具 Dreamweaver CC 2019 与 Web 前端开发技术相结合，在典型的任务驱动下展开教学活动，从网页设计与 Web 应用开发的实际工作过程出发，抓住重点和难点问题进行任务设计。

本书遵循"由浅入深、由局部到整体、由简单到复杂"的教学规律，从 Dreamweaver CC 2019 软件的基本使用方法、网页的页面布局、用 CSS 美化网页到利用模板批量制作风格一致的网站。通过开发"昆明之光"网站，将各章节的知识点融入其中，循序渐进地介绍文本、图像、超链接、音乐、视频、Flash 动画、滚动字幕、表格、层、行为特效、层叠样式表、网页模板等的制作方法，体现了 Web 开发技术与应用相结合，这样的教学内容体系有利于 Web 开发能力与创新能力的培养。

本书提供课件、网页实例、素材，以及基于实例制作的微视频。

本书由丁海燕编写，张学杰、周小兵等对本书提供技术指导。科学出版社对本书的出版给予了极大的支持和鼓励，在此一并致以最真挚的感谢！

由于计算机技术发展迅速，加之作者水平所限，本书难免存在疏漏之处，敬请广大读者批评指正。

作　者
2021 年 1 月

目　录

第1章　网页设计概述

在互联网高速发展的今天，网络已成为人们生活的一部分，成为人们获取信息资源的重要途径。信息的呈现离不开网页这个重要的界面，网页的主要作用是采用一定的手段将用户需要的信息与资源进行组织，通过网络呈现给用户。网页设计是传统设计与信息、科技和互联网结合而产生的，是交互设计的延伸和发展，是在新媒介和新技术支持下的一个全新的设计创作领域。

随着网络技术及其带宽的提高，网页的构成元素也发生了很大的变化。20 世纪 90 年代末，网页的构成元素主要就是大量的文本、表格(Table)、超链接、极少数量的静态图像和 GIF 动图。如今的网页设计往往要结合动画、图像特效与后台的数据交互等，除了以上的构成元素外又增加了图像、动画、视频、音乐、横幅广告以及多种动态效果。

在进行网站制作前，首先要进行网站页面的整体设计。一个网站是由若干个网页构成的，网页是用户访问网站的界面。因此，通常意义上的网站设计，指的是网站中各个页面的设计。而网页设计中，最先提到的就是网页的布局。布局是否合理、美观，将直接影响到用户的阅读体验及访问时长。

1.1　常　用　术　语

1. URL

客户机通过超文本传送协议(Hypertext Transfer Prtcl，HTTP)与 Web 服务器完成交互，用户要查询的某一台 Web 服务器是通过统一资源定位符(Uniform Resource Locator，URL)来指定的。URL 是 Internet(因特网)上标准资源的地址，是 Internet 上用来描述信息资源的字符串。Internet 上的每个文件都有唯一的 URL，它包含的信息指出文件的位置以及浏览器应该怎么处理它。

与在计算机中根据指明的路径查找文件类似，它是在万维网(World Wide Web，WWW)中浏览超文本文档时保证准确定位的一种机制。它既可指向本地计算机硬盘上的某个文件，也可指向 Internet 上的某一个网页。也就是说，通过 URL 可访问 Internet 上任何一台主机或者主机上的文件和文件夹。它包含被访问资源的类型、服务器的地址、文件的位置等。

URL 一般格式如下：

访问协议://服务器主机域名或 IP 地址 [:端口号] /路径/文件名

例如，http://www.ynu.edu.cn/xxgk/xxjj.htm。

(1)访问协议：说明信息资源的类型。例如，http://表示 WWW 服务器，ftp://表示 FTP 服务器，mms://表示流媒体传送协议。

(2)服务器主机域名或 IP 地址：指出信息资源所在的服务器的主机地址。

(3)端口号：默认为 80，一般省略。

(4)路径：指明某个信息资源在服务器上所处的位置。

(5)文件名：给出了信息资源文件的名称，如果缺少了路径和文件名，则 URL 默认指向 Web 站点的首页(Homepage)。首页的文件名默认为 index.htm 或 default.htm。

2. WWW

WWW 可以简称 Web、W3、3W 等，它是基于超文本的信息查询和信息发布系统。Web 就是以 Internet 上众多的 Web 服务器所发布的相互链接的文档为基础组成的一个庞大的信息 网，它不仅可以提供文本信息，还可以提供声音、图形、图像以及动画等多媒体信息，它为 用户提供了图形化的信息传播界面——网页。

WWW 采用 B/S(Browser/Server)结构，即浏览器/服务器结构。它是随着 Internet 技术的 兴起，对 C/S(客户机/服务器)结构的一种变化或改进的结构。在这种结构下，用户工作界面是通 过 WWW 浏览器来实现的，主要事务逻辑在服务器端实现，很少部分事务逻辑在前端实现。这 样的好处是大大简化了客户端的计算机载荷，减少了系统维护与升级的成本和工作量，降低了用 户的总体成本。因此，用户只需要安装浏览器即可浏览页面，不需要知道服务器端使用什么操作 系统或服务器端怎么处理浏览器发出的请求(Request)，可以方便查看自己想看到的内容。

要访问万维网上的一个网页，或者其他网络资源时，首先在浏览器上输入想访问的网页 的统一资源定位符，或者通过超链接方式链接到该网页或网络资源。然后 URL 的服务器名部 分被分布于全球的因特网数据库(称为域名系统)解析，并根据解析结果确定服务器的 IP 地址。 接着向该 IP 地址的服务器发送一个 HTTP 请求。通常，HTML(Hypertext Markup Language， 超文本标记语言)文本、图片和构成该网页的一切其他文件很快会被逐一请求并发送回用户。 最后浏览器把 HTML、CSS 和其他接收到的文件所描述的内容，加上图像、链接和其他必需 的资源，显示给用户，这就是用户看到的网页。

总体来说，WWW 采用客户机/服务器的工作模式，工作流程如图 1-1 所示。

图 1-1　WWW 工作流程

(1)用户使用浏览器或其他程序建立客户机与服务器连接，并发送浏览请求。
(2)Web 服务器接收到请求后，返回信息到客户机。
(3)通信完成，关闭连接。

3. 浏览器

浏览器是万维网服务的客户端浏览程序，可向万维网服务器发送各种请求，并对从服务 器发来的超文本信息和各种多媒体数据格式进行解释、显示和播放。大部分的浏览器本身支 持除了 HTML 之外的广泛的格式，如 JPEG、PNG、GIF 等图像格式，并且能够扩展支持众多 的插件(Plug-ins)。另外，许多浏览器还支持其他的 URL 类型及其相应的协议，如 FTP、Gopher、 HTTPS(HTTP 的加密版本)。

常见浏览器有 Microsoft(微软)公司的 IE、Mozilla 公司的 Firefox、Apple(苹果)公司的 Safari、腾讯 TT、搜狗浏览器、百度浏览器等，可以搜索、查看和下载 Internet 上的各种信息。

4. 网页

WWW 通过网页将信息提供给用户。网页是 WWW 浏览的最基本的单位，按照网页功能 的简单划分，网页可以分为首页和普通页面，并构成多级的网络结构。

网页是由 HTML 或者其他语言编写的，通过浏览器解释后供用户获取信息的页面，它又称为 Web 页，其中可包含文字、图像、表格、动画和超链接等各种网页元素，以表达丰富多彩的信息。网页实际上只是一个纯文本文件，它通过各式各样的标记对页面上的文本、图片、表格、声音等元素进行描述（如字体、颜色、大小），而浏览器则对这些标记进行解释并生成页面。

5. 网站

网站就是完成特定目标的一个或多个网页的集合。网站是因特网上一块固定的面向全世界发布消息的地方，由域名（也就是网站地址）和网站空间构成，通常包括首页和其他具有超链接文件的页面。按网站的内容，网站可分为门户网站、职能网站、专业网站和个人网站等。

1.2　Web 开发技术

Web 开发技术经历了重大演变。最早的网页仅仅由静态文档构成，用户浏览时只能被动接受网页内容。这与传统媒体相比没有什么变化。随着网络技术的发展，不仅可以在网页中嵌入程序，还可以在运行过程中向网页添加动态内容，用户可以与网页进行交互，实现了全新的媒体形式。

1.2.1　网页编程技术

目前网站上常见的计算器、聊天室、论坛、留言本、网上购物等服务必须得到网页编程技术的支持。根据程序运行地点不同，网页编程技术又分为客户端编程技术与服务器端编程技术。

1. 客户端编程技术

客户端编程技术不需要与服务器交互，实现功能的代码往往采用脚本语言（Scripting Language）形式直接嵌入网页中。服务器发送网页给用户后，网页在客户端的浏览器中直接响应用户的动作（Action）。常见的客户端编程技术包括 JavaScript、JavaApplet、DHTML、ActiveX 和 VRML 等。

2. 服务器端编程技术

服务器端编程技术需要服务器端和客户端共同参与。当用户通过浏览器发出页面请求后，服务器根据 URL 携带的参数运行服务器端动态程序，产生结果页面再返回客户端。一般涉及数据库操作的网页，如注册、登录、查询、购物等应用都需要服务器端动态程序。典型的服务器端编程技术有 ASP、PHP、JSP、ASP.NET 等。

1.2.2　静态网页与动态网页

按网页的表现形式可将网页分为静态网页和动态网页。静态网页和动态网页各有特点，网站采用动态网页还是静态网页主要取决于网站的功能需求和网站内容的多少，如果网站功能比较简单，内容更新量不是很大，采用纯静态网页会更简单；反之一般要采用动态网页来实现。

1. 静态网页

在网站设计中，纯粹 HTML 格式的网页通常称为静态网页，静态网页是标准的 HTML 文件，它的文件扩展名是.htm、.html，可以包含文本、图像、声音、Flash 动画、客户端脚本和 ActiveX 控件及 Java 小程序等。静态网页是网站建设的基础，早期的网站一般都是由静态网页制作的。

静态网页相对于动态网页而言，是指没有后台数据库、不含程序和不可交互的网页。静态网页更新起来相对比较麻烦，适用于一般更新较少的展示型网站。实际上静态网页也不是完全静态的，它也可以出现各种动态的效果，如 GIF 格式的动画、Flash动画、滚动字幕等。对于静态网页，用户可以直接双击，看到的效果与访问服务器是相同的。

1) 静态网页的特点

(1) 静态网页的每个网页都有一个固定的 URL，静态网页的网址形式通常为：www.example.com/eg/eg.htm，网页 URL 以.htm、.html、.shtml 等常见形式为后缀，而不含有"?"。

(2) 网页内容一经发布到网站服务器上，无论是否有用户访问，每个静态网页的内容都是保存在网站服务器上的，也就是说，静态网页是实实在在保存在服务器上的文件，每个网页都是一个独立的文件。

(3) 静态网页的内容相对稳定，因此容易被搜索引擎检索。

(4) 静态网页没有数据库的支持，在网站制作和维护方面的工作量较大。

(5) 静态网页的交互性较差，在功能方面有较大的限制。

2) 静态网页的工作流程

在静态 Web 程序中，客户端使用 Web 浏览器经过网络连接到服务器上，使用 HTTP 发起一个请求，告诉服务器现在需要得到哪个页面，所有的请求交给 Web 服务器，之后 Web 服务器根据用户的需要，从文件系统(存放了所有静态页面的磁盘)取出内容。之后通过 Web 服务器将内容返回给客户端，客户端接收到内容之后经过浏览器渲染解析，得到显示的效果。

(1) 编写一个静态网页，并在 Web 服务器上发布；

(2) 用户在浏览器的"地址"文本框中输入该静态网页的 URL 并按回车(Enter)键，浏览器发送请求到 Web 服务器；

(3) Web 服务器找到此静态网页的位置，并将它转换为 HTML 流传送到用户的浏览器；

(4) 浏览器收到 HTML 流，显示此网页的内容。

在步骤(2)～(4)中，静态网页的内容不会发生任何变化。其工作原理如图 1-2 所示。

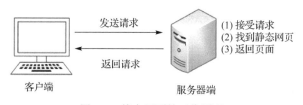

图 1-2 静态网页的工作原理

2. 动态网页

动态网页是指采用了服务器端编程技术，由程序实时生成，可以根据不同条件生成不同内容的网页。它们会随不同客户、不同时间，返回不同的网页。动态网页相对复杂，不能直接双击。

1）动态网页的特点

（1）动态网页的后缀一般为.asp、.jsp 或者.php 等形式。

（2）动态网页以数据库技术为基础，可以大大减少网站维护的工作量。

（3）动态网页交互性较强，采用动态网页的网站可以实现更多的功能，如用户注册、用户登录、在线查询、用户管理、订单管理等。

（4）动态网页实际上并不是独立存在于服务器上的网页，只有当用户请求时，服务器才会返回一个完整的网页。

2）动态网页的工作流程

动态网页的工作流程分为以下 4 个步骤。

（1）使用动态 Web 开发技术编写动态网页，其中包括程序代码，并在 Web 服务器上发布；

（2）用户在浏览器的"地址"文本框中输入该动态网页的 URL 并按回车键，浏览器发送访问请求到 Web 服务器；

（3）Web 服务器找到此动态网页的位置，根据客户端的请求，对 Web 应用程序进行编译或解释，并生成 HTML 流，传送到用户浏览器；

（4）用户浏览器解释 HTML 流，显示此网页的内容。

从整个工作流程可以看出，用户浏览动态网页时，需要在服务器上动态执行该网页，将含有程序代码的动态网页转化为标准的静态网页，最后把静态网页发送给用户（图 1-3）。

图 1-3　动态网页的工作原理

1.3　网页制作的相关软件

1. Dreamweaver

Dreamweaver 是一款极为优秀的可视化网页设计制作工具和网站管理工具，在编辑模式上允许用户选择可视化模式或源码编辑模式。借助 Dreamweaver 软件，用户可以快速、轻松地完成设计、开发、维护网站，以及 Web 应用程序设计的全过程。Dreamweaver 是为设计人员和开发人员构建的，与 Photoshop、Illustrator、Fireworks、Flash 等软件智能集成。

2. Flash

Flash 是一款二维动画设计软件，大量应用于网页矢量动画的设计。Flash 动画目前已成为 Web 动画的标准。Flash 可以实现由一帧帧的静态图片在短时间内连续播放而造成的视觉效果，是表现动态过程、阐明抽象原理的一种重要媒体。

3. Fireworks

Fireworks 是 Adobe 公司发布的一款专为网络图形设计的图形编辑软件，它大大降低了网络图形设计的工作难度，无论是专业设计师还是业余爱好者，使用 Fireworks 不仅可以轻松地制作出十分动感的 GIF 动画，还可以轻易地完成大图切割、动态按钮、动态翻转图等，因此，对于辅助网页编辑来说，Fireworks 将是最大的功臣。借助 Fireworks，可以在直观、可定制的环境中创建和优化用于网页的图像并进行精确控制。它与 Dreamweaver 和 Flash 共同构成的集成工作流程可以创建并优化图像。利用可视化工具，无须学习代码即可创建具有专业品质的网页图形和动画，如变换图像和弹出菜单等。

4. Photoshop

Photoshop 是由 Adobe 公司开发的图形图像处理软件，它是目前公认的通用平面设计软件。它功能强大，集编辑修改、图像制作、广告创意、图像输入与输出于一体，使用它可以加速实现从想象创作到图像实现的过程，因此，深受广大平面设计人员和计算机美术爱好者的喜爱。在网页制作方面，利用它丰富的滤镜和功能强大的选择工具可以制作各种各样的文字效果。

5. 软件间的联系

使用 Photoshop，除了可以对网页中要插入的图像进行调整处理外，还可以绘制页面的总体布局并使用切片导出，Photoshop 绘制页面总体布局如图 1-4 所示，切片导出如图 1-5 所示。

图 1-4　Photoshop 绘制页面总体布局

网页中所出现的 GIF 图像按钮也可使用 Photoshop 进行创建（图 1-6），以达到更加精彩的效果。

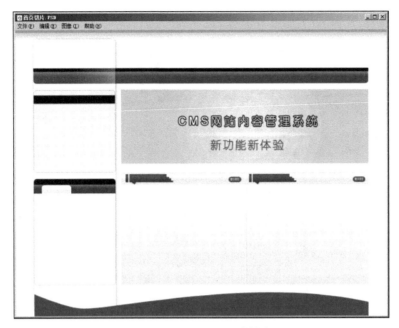

图 1-5　Photoshop 切片导出

图 1-6　用 Photoshop 创建网页按钮

还可以对创建 Flash 动画所需的素材进行制作、加工和处理，使网页动画中所表现的内容更加精美和引人入胜（图 1-7）。

图 1-7　用 Photoshop 加工 Flash 动画素材

使用 Flash 主要是制作具有动画效果的导航栏、Logo（标志）以及商业广告条等，动画可以更好地表现设计者的创意，Flash 动画已成为当前网页设计中不可缺少的元素（图 1-8）。

在网页设计中，Dreamweaver 主要用于对页面进行布局，即将已经创建完成的文本、图像和动画等元素在 Dreamweaver 中通过一定形式的布局整合为一个页面。此外，在 Dreamweaver 中还可以方便地插入 ActiveX、JavaScript、Java 和 Shockwave 等，创建出具有特殊效果的精彩网页（图 1-9）。

图 1-8　Flash 动画

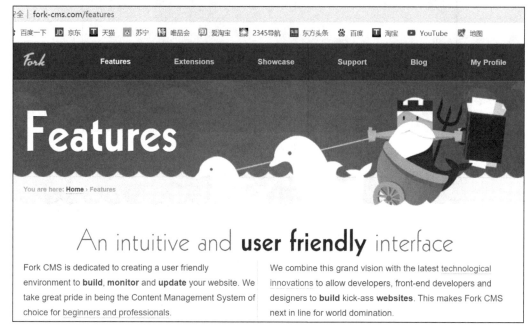

图 1-9　网页

1.4　网页设计基础

1.4.1　网页的基本元素

网页是由一些基本元素组成的，包括文本、网站 Logo、网站 Banner、图像、动画、声音和视频、超链接、表格、框架、表单、导航栏等。总体来说，文本和图像是构成网页的基本元素，因此掌握页面排版和图像处理非常重要。网页的基本元素如图 1-10 所示。

1. 文本

网页中的信息一般以文本为主，因为它能准确地表达信息的内容和含义。一个内容充实的网站必然会使用大量的文本。良好的文本格式可以创建出别具特色的网页，激发读者的兴趣。文本有很多属性，如字体、字号、颜色等。通过设置这些文本属性，产生不同格式的区别，从而突出显示重要的内容。

表单

网站Logo

动画

超链接

图像

导航栏

表格

文本

图 1-10　网页的基本元素

中文文本一般可使用宋体，字号一般使用 9 磅或 12 像素即可。用户还可以在网页中设计不同的文本列表，以此来清晰地表达一系列项目，这些功能都给文本赋予了新的活力。

2. 网站 Logo

Logo 是代表企业形象或栏目内容的标志性图片，一般在网页的左上角。Logo 是网站所有者对外宣传自身形象的工具。Logo 集中体现了这个网站的文化内涵和内容定位。在二级网页中，页眉位置一般都留给 Logo。另外，Logo 往往被设计成为一种可以回到首页的超链接。网站 Logo 如图 1-11 所示。

图 1-11　网站 Logo

网站 Logo 通常有 3 种尺寸：88 像素×31 像素、120 像素×60 像素和 120 像素×90 像素。标志的设计创意来自网站的名称和内容，大致分以下 3 个方面。

(1)网站有代表性的人物、动物、花草，可以用它们作为设计的蓝本，加以卡通化和艺术化。

(2)对于一些专业性网站，可以用本专业的代表性物品作为标志，如中国银行的铜板标志、奔驰汽车的方向盘标志。

(3)常用的方式是用自己网站的英文名称做标志。采用不同的字体、字符的变形、字符的组合可以很容易地制作出网站标志。

3. 网站 Banner

网站 Banner 即横幅广告，Banner 是用于宣传网站内某个栏目或活动的广告，一般要求制作成动画形式，动画能够吸引更多浏览者的注意力，将介绍性的内容简练地加在其中，达到宣传的效果。Banner 一般位于网页的顶部和底部，还有一些小型的广告适当地放在网页的两侧。

网站 Banner 常见的尺寸是 480 像素×60 像素或 233 像素×30 像素，它使用 GIF 格式的图像文件，既可以使用静态图像，也可以使用动画图像。除普通 GIF 格式外，采用 Flash 能赋予 Banner 更强的表现力和交互内容(图 1-12)。

图 1-12　Flash Banner

4. 图像

图像在网页中具有提供信息、展示形象、装饰网页、表达个人情趣和风格的作用。图像是文本的说明和解释，在网页适当位置放置一些图像，不仅可以使文本清晰易读，而且可以使得网页更加有吸引力。可以在网页中使用 GIF、JPEG 和 PNG 等多种图像格式，GIF 和 JPEG 两种格式使用最广泛。JPEG 格式可支持真彩色和灰度的图像，而 GIF 格式图像只能储存 256 色。

一般图像运用在如下几个方面：网站 Logo、网站 Banner 和背景图。

5. 动画

动画是动态的图形，添加动画可以使网页更加生动。常用的动画包括动态 GIF 动画和 Flash 动画，前者是用数张 GIF 图片合成的简单动画；后者采用矢量绘图技术，生成带有声音效果及交互功能的复杂动画。Flash 有很多重要的动画特征，如关键帧补间、运动路径、动画蒙版、形状变形和洋葱皮特效等。一个由 4 帧构成的百叶窗动画如图 1-13 所示。

6. 声音和视频

声音是多媒体网页中的重要组成部分。支持网络的声音文件格式很多，主要有 MIDI、WAV、MP3 和 AIF 等。在网页中也可以插入视频文件，视频文件使网页变得精彩生动，网页中支持的视频文件格式主要有 Realplay、MPEG、AVI 和 DivX 等。

7. 超链接

超链接是网页与其他网络资源联系的纽带，是网页区别于传统媒体的重要特点，正是超

图 1-13　百叶窗动画

链接的使用，使互联网变得丰富多彩。超链接是指从一个网页指向另一个目的端的链接。这个目的端通常是另一个网页，也可以是下列情况之一：同一网页上的不同位置、一个下载的文件、一幅图片、一个 E-mail 地址等。超链接可以是文本、按钮或图片。

8.　表格

表格是 HTML 中的一种元素，主要用于网页内容的布局，组织整个网页的外观，通过表格可以精确地控制各网页元素在网页中的位置，使网页元素整齐美观。

9.　框架

框架是网页的一种组织形式，将相互关联的多个网页的内容组织在一个浏览器窗口中显示。例如，在一个框架内放置导航栏，另一个框架中的内容可以随单击导航栏中的链接而改变。

10.　表单

表单类似于 Windows 程序的窗体，用来将浏览者提供的信息提交给服务器端程序进行处理。表单是提供交互功能的基本元素，如问卷调查、信息查询、用户申请及网上订购等，都需要通过表单进行信息的收集工作。

站点访问者填写表单的方式是输入文本、单击单选按钮与复选框，以及从下拉菜单中选择选项。在填好表单之后，站点访问者便送出所输入的数据，该数据就会根据网站设计者所设置的表单处理程序，以各种不同的方式进行处理。

11.　导航栏

导航栏是用户在规划好站点结构，开始设计主页时必须考虑的一项内容。其作用是引导浏览者游历所有站点。实际上，导航栏就是一组超链接，链接的目标就是站点中的主要网页。

一般情况下，导航栏应放在网页中引人注目的位置，通常在网页的顶部或者一侧，导航栏可以是文本链接，也可以是一些图标和按钮，如图 1-14 所示。

| 首　页 | 公司简介 | 企业新闻 | 产品展示 | 业务范围 | 技术支持 | 联系我们 |

图 1-14　导航栏

12. 其他常用元素

网页中除了以上几种基本元素之外，还有一些其他的常用元素，包括悬停按钮、Java 特效和 ActiveX 等各种特效。这些元素使网页生动有趣。悬停按钮如图 1-15 所示。

图 1-15　悬停按钮

1.4.2　网站的类型

制作网站首先要根据用户需求确定网站的类型。网站类型决定了网站的风格、颜色、内容等。

网站的类型按照其功能和结构形式大体可分为以下几种。

1. 门户网站

门户网站集合了众多信息，提供多样服务，并使其尽可能成为网络用户的首选，通过建立按目录分类的网站链接列表来提供信息服务。用户可以不必进行关键字查询，仅靠分类目录即可找到所需的信息。典型的门户网站如搜狐、新浪、雅虎等。

2. 搜索引擎

搜索引擎通过在因特网上提取各个网站的信息来建立自己的数据库，并向用户提供查询服务。搜索引擎如百度、Google 等。

3. 电子商务网站

电子商务网站分为 B2B(商家对商家)和 B2C(商家对个人)两种，是以网上营销为主要营利手段的网站。此类网站提供网上信息交换、网上销售系统、资本流通系统和物流配送系统等。典型的电子商务网站如淘宝网、天猫、当当网、亚马逊等。

4. 数据中心

数据中心往往是大型教育科研机构、大型 ISP、网络接入代理商的前端窗口网站，专业性很强，拥有强大的机构、人员和技术支持。典型的数据中心，如中国期刊网(http://www.chinaqikan.com)，它以中国学术期刊电子杂志社编辑出版的《中国学术期刊(光盘版)》全文数据库为核心数据库，在 Internet 上注册的任何用户都可以通过网络进行文献的检索、浏览、下载。

5. 主题信息网站

主题信息网站集中了大量的主题信息，包括科技、教育、财经、军事、文化、娱乐、体育等各个方面。用户可以通过搜索引擎和门户网站找到自己感兴趣的主题信息网站，得到相关信息。

6. 团体网站

越来越多的公司、企业、政府机关、科研教育机构、协会等团体组织建立网站，为团体和企业进行更广泛的形象宣传。这类网站往往拥有自己的服务器和技术支持，网站上有大量相关团体的信息，如清华大学网站、云南大学网站、中国建设银行网站、中国留学人员网站等。

7. 个人网站

利用 Internet 空间，以鲜明的个性展现自我形象，已成为虚拟世界中的又一道风景线。很多网络服务商可以提供租用的虚拟主机或接受个人网站的下挂。

1.4.3 网页布局的类型与原则

网页设计作为一种视觉语言，特别讲究编排和布局，虽然主页的设计不等同于平面设计，但它们有许多相近之处。版式设计通过文字图形的空间组合，表达出和谐与美。

多页面站点页面的编排设计要求把页面之间的有机联系反映出来，特别要求处理好页面之间和页面内的秩序与内容的关系。为了达到最佳的视觉表现效果，反复推敲整体布局的合理性，使浏览者有一个流畅的视觉体验。

1. 网页布局的类型

为了将丰富的内容和多样的形式组织成统一的页面结构，形式语言必须符合页面的内容，体现内容的丰富含义。灵活运用对比与调和、对称与平衡、节奏与韵律以及留白等手段，通过空间、文字、图形之间的相互关系建立整体的均衡状态，产生和谐的美感。

网页布局大致可分为"国"字型、拐角型、标题正文型、框架型、封面型、Flash 型。

1)"国"字型

"国"字型也称为"同"字型，最上面一般是网站的标志、广告以及导航栏，下面是主要内容，左右各有一些栏目，内容主体在中间，最下面是网站的基本信息及版权信息(图 1-16)。这种结构是国内一些大中型网站常见的布局方式。优点是充分利用版面，信息量大；缺点是页面显得拥挤，不够灵活。

图 1-16 "国"字型

2) 拐角型

拐角型也是一种常见的网页布局，它与"国"字型的网页区别在于其内容板块只有一侧。在这种类型中，一种常见的布局是最上面是标题及广告横幅，左侧是导航链接，右侧是很宽的正文，下面是一些网站设计的辅助信息(图 1-17)。

图 1-17　拐角型

3) 标题正文型

标题正文型最上面是标题，下面是正文，如一些文章页面或注册页面等的布局就是这种类型 (图 1-18)。

图 1-18　标题正文型

4) 框架型

框架型一般为上下或左右布局，一栏是导航栏，另一栏是正文信息。也有将页面分为三栏的，上面一栏放标题或图片广告，左侧放导航栏，右侧为正文信息 (图 1-19)。

5) 封面型

封面型大部分出现在企业网站和个人网站的首页，给人带来赏心悦目的感觉。大部分为一些精美的平面设计结合一些小的动画，放上几个简单的链接或者仅一个"进入"的链接 (图 1-20)。

图 1-19　框架型

图 1-20　封面型

6) Flash 型

Flash 型布局与封面型布局结构相似，不同的是采用了 Flash 技术，动感十足，大大增强了页面的视觉效果及听觉效果(图 1-21)。

2. 网页布局的原则

在构思和设计网页布局的过程中，设计者还必须掌握以下 5 个原则。

1) 平衡性

一个好的网页布局应该给人一种安定、平稳的感觉，它不仅表现在文字、图像等要素的空间占用上分布均匀，而且还有色彩的平衡，要给人一种协调的感觉(图 1-22)。

图 1-21　Flash 型

图 1-22　网页布局实例 1

2）对称性

对称是一种美，我们生活中有许多事物都是对称的，但过度的对称就会给人一种呆板、死气沉沉的感觉，因此要适当地打破对称，制造一点变化（图 1-23）。

图 1-23　网页布局实例 2

3）对比性

让不同的形态、色彩等元素相互对比，来形成鲜明的视觉效果，如黑白对比、圆形和方形对比等，它们往往能够创造出富有变化的效果（图1-24）。

图1-24　网页布局实例3

4）疏密度

网页要做到疏密有度，即平常所说的"密不透风，疏可跑马"。不要整个网页用一种样式，要适当进行留白，通过用空格，改变行间距、字间距等制造一些变化的效果（图1-25）。

图1-25　网页布局实例4

5）比例

比例适中，这在布局中非常重要，虽然不一定都要做到黄金分割，但比例一定要协调（图1-26）。

图 1-26 网页布局实例 5

1.4.4 网页配色方法与工具

色彩是艺术表现的要素之一。在网页设计中,设计师根据和谐、均衡和重点突出的原则,将不同的色彩进行组合、搭配来构成美丽的页面。根据色彩对人们心理的影响,合理地加以运用。

1. 色彩搭配原则

合理地应用色彩是非常关键的,不同的色彩搭配产生不同的效果,并能够影响访问者的情绪。网页的背景应该和整套页面的色调相协调。色彩搭配要遵循和谐、均衡、重点突出的原则。根据心理学家的研究,色彩最能引起人们奇特的想象,最能拨动感情的琴弦。例如,主页是属于感情类的,那么最好选用一些玫瑰色、紫色之类的比较淡雅的色彩,而不要用黑色、深蓝色这类比较灰暗的色彩。

在选择网页色彩时,除了考虑网站本身的特点外还要遵循一定的艺术规律,从而设计出精美的网页。

(1)色彩的鲜明性。如果一个网站的色彩鲜明,容易引人注意,会给浏览者耳目一新的感觉。

(2)色彩的独特性。网页的用色必须要有自己独特的风格,这样才能给浏览者留下深刻的印象。

(3)色彩的艺术性。网站设计是一种艺术活动,因此必须遵循艺术规律。按照内容决定形式的原则,在考虑网站本身特点的同时,大胆进行艺术创新,设计出既符合网站要求,又具有一定艺术特色的网站。

(4)色彩搭配的合理性。色彩要根据主题来确定,不同的主题选用不同的色彩。例如,用蓝色体现科技型网站的专业,用粉红色体现女性的柔情等。

2. 网页色彩搭配方法

根据色彩的心理感受理论,红色让人激奋,能使人产生冲动、愤怒、热情、活力的感觉;绿色介于冷暖色调之间,给人和睦、宁静、健康、安全的感觉,与金黄色、淡白色搭配,可以营造优雅、舒适的气氛；橙色具有轻快、欢欣、热烈、温馨、时尚的效果；黄色具有快乐、希望、智慧和轻快的个性，它的明度最高；蓝色是最具清爽、清新、专业的颜色，与白色混合，能体现柔顺、淡雅、浪漫的气氛；白色具有洁白、明快、纯真、清洁的感觉；黑色具有深沉、神秘、寂静、悲哀、压抑的感觉；灰色具有中庸、平凡、温和、谦让、中立和高雅的感觉。

1) 同种色彩搭配

同种色彩搭配是指首先选定一种色彩，然后调整其透明度和饱和度，将色彩变淡或加深，而产生新的色彩，这样的页面看起来色彩统一，具有层次感。

2) 邻近色彩搭配

邻近色是指在色环上相邻的颜色，如绿色和蓝色、红色和黄色即互为邻近色。采用邻近色搭配可以避免网页色彩杂乱，易于达到页面和谐统一的效果。

3) 对比色彩搭配

一般来说，色彩的三原色(红、绿、蓝)最能体现色彩间的差异，色彩的强烈对比具有视觉诱惑力。对比色可以突出重点，产生强烈的视觉效果。通过合理使用对比色，能够使网站特色鲜明、重点突出。在设计时，通常以一种颜色为主色调，其对比色作为点缀，以起到画龙点睛的作用。

4) 暖色色彩搭配

暖色色彩搭配是指使用红色、橙色、黄色等色彩的搭配。这种色调的运用可为网页营造出和谐和热情的氛围。

5) 冷色色彩搭配

冷色色彩搭配是指使用绿色、蓝色及紫色等色彩的搭配，这种色彩搭配可为网页营造出宁静、清凉和高雅的氛围。冷色色彩与白色搭配一般会获得较好的视觉效果。

6) 有主色的混合色彩搭配

有主色的混合色彩搭配是指以一种颜色作为主要颜色，同时辅以其他色彩混合搭配，形成缤纷而不杂乱的搭配效果。

7) 文字与网页的背景色对比要突出

在网页配色中，尽量控制在三种色彩以内，以避免网页花、乱、没有主色的显现。文字颜色与网页的背景色对比要突出，底色深，文字的颜色就应浅，以深色的背景衬托浅色的内容(文字或图片)；反之，底色浅，文字的颜色就要深些，以浅色的背景衬托深色的内容(文字或图片)。绝对不要用花纹繁复的图案作为背景，以便突出主要文字内容。

3. 网页配色工具

为了更加方便地选择和组合色彩，可以参阅相关配色手册，也可以利用一些辅助软件来完成。

常见的网页配色工具都会给出一个 6 色组合或者 3 色组合，用这些色系搭配出来的网页最容易引起网页浏览者的共鸣。当前，常用的网页配色工具有 Adobe Kuler、Color Scheme Designer(CSD)等。Color Scheme Designer 是一款免费的在线配色工具(图 1-27)，CSD 提供了完备的配色功能，主要通过色环来选择颜色，提供 6 种色彩搭配方案，选择其中一种，右边的调色板将根据不同的方案给出数量不等的色彩组合，使用者可以很容易地调配出令人赏心悦目的颜色，并有明暗两种实时预览功能，为网站视觉设计人员提供了便利。

图 1-27　Color Scheme Designer

Color Scheme Designer 工具主要由左侧的颜色设置区和右侧的颜色显示区组成。颜色设置区上半部分提供 6 种配色方案：单色搭配、互补色搭配、三角形搭配、矩形搭配、类似色搭配和类似色搭配互补色。下半部分是调整色相的颜色环，最下面的菜单可以调整饱和度和亮度。

Color Scheme Designer 提供的 6 种配色方案如下。

(1) 单色搭配：以单一颜色为基础，通过饱和度、亮度变化搭配出其他颜色。

(2) 互补色搭配：以主色以及在色环对面的补色调配出对比效果明显的配色。

(3) 三角形搭配：以一个主色以及在色环对面的两个补色形成两个较为柔和的对比效果。

(4) 矩形搭配：以两个主色以及在色环对面的两个补色营造出一种强烈的视觉效果。

(5) 类似色搭配：以一个主色以及它两旁等距的两个补色调配出优雅、简洁的色彩感觉。

(6) 类似色搭配互补色：以三个类似色为基础，再加上色环对面的一个对比色构成一种既不失优雅又强调重点的本色。

颜色显示区则根据左侧选择的色相、饱和度和明度显示出配置后的主色和辅助色。通过配色预览和配色网页效果可以查看浅色页面示例(图 1-28)和深色页面示例(图 1-29)。如果不满意，可以重新调整色相、饱和度和明度。

完成配色方案选择后，选择"色彩列表"标签，记录 6 位颜色代码，以备后续网页设计使用。

图 1-28　浅色页面示例

图 1-29　深色页面示例

1.4.5　其他网页制作技巧

网页的整体宽度可分为三种设置形式：百分比、像素、像素+百分比。通常在网站建设中以像素形式最为常用，行业网站也不例外。在设计网页时必定会考虑到分辨率的问题，常用的分辨率是 1024 像素×768 像素和 800 像素×600 像素。

要想让网页更有特色，可适当地运用一些网页制作的技巧，如动画、背景音乐、动态网页、Java、Applet 等。还可以在网页上添加一个留言板，及时获得浏览者的意见和建议，得到浏览者反馈的信息，最好能做到有问必答，用行动去赢得更多的浏览者，还可以添加一个计数器以了解首页浏览者的数量。

另外，分支页面的文件存放于单独的文件夹中，图像文件存放于单独的图像文件夹中，网页命名时要尽量使用能表达页面内容的英文或汉语拼音，汉语拼音、英文缩写、英文原义均可用来命名网页。

1.5　网站开发的要素

设计一个网站首先要规划网站由哪几部分组成，要考虑网页的整体风格、色彩搭配、页面的布局等诸多因素。

1.5.1　设计思路

(1)简洁实用：以最高效率的方式将用户所想要得到的信息传送给用户。

(2)使用方便：功能满足使用者的要求。

(3)整体性好：一个网站强调的是一个整体，围绕一个统一的目标所做的设计才是成功的。

(4)网站形象突出：页面用色协调，布局符合形式美的要求；布局有条理，网页富有可欣赏性，雅俗共赏。

(5)交互性强：发挥网络的优势，使每个使用者都参与到其中。

1.5.2　确定网站主题和名称

网站的主题即网站所要表达的主要内容，一个网站必须要有一个明确的主题。在创建网站之前，首先要确定网站的主题，从而确定网站的设计风格。Web 站点应针对所服务对象(机构或人)的不同而具有不同的形式。有些站点只提供简洁文本信息；有些则采用多媒体表现手法，提供华丽的图像、闪烁的灯光、复杂的页面布置，甚至可以下载声音和录像片段。好的 Web 站点把图形表现手法和有效的组织与通信结合起来。

为了做到主题鲜明突出、要点明确，应该使配色和图片围绕预定的主题，调动一切手段充分表现网站的个性和情趣，做出网站的特点。

对于个人网站，内容不可能包罗万象，所以必须要找准一个自己最感兴趣内容，做深、做透、做出自己的特色，这样才能给用户留下深刻的印象。

一般来说，确定网站主题时要遵循以下原则。

(1)主题鲜明、小而精。在主题范围内做到内容大而全、精而深。

(2)主题是自己最擅长、最感兴趣的。

(3)体现自己的个性。把自己的兴趣、爱好尽情地发挥出来，突出自己的个性和特色。

1.5.3　确定网站的整体风格

风格是指网站的整体形象给浏览者的综合感受，这个整体形象包含了许多因素，如站点的 CI(标志、色彩、字体、标语)、页面布局、浏览方式、交互性、文字、语气、内容价值、存在意义等诸多因素。各网站有其特有的风格，例如，迪士尼生动活泼；IBM 专业、严肃；百度简约、高效、快捷。

通常将网站标志放在较醒目的位置，如页面的左上角；使用动态文字概括网站主题；导航栏一般放在各页面相同的位置上；网页颜色搭配要让人感到舒服；页面布局一般采用左边导航、右边文字，或上面导航、下方文字的格局；内容要简洁、精练，易于理解。

1.5.4　规划网站的结构

1. 规划网站的栏目结构

首先要根据网页的内容来确定网站的大致框架，如"昆明之光"网站，主要内容包括云南映像、昆明概况、昆明旅游、昆明特产、昆明高校、Spry 框架 6 个一级栏目，有的还有各自的二级和三级栏目。根据这些内容进行分类，画出网站的设计草图(图 1-30)。根据草图就可以创建网站的基本框架，将来还可以进一步扩充。

图 1-30　网站栏目

2. 规划网站的目录结构

网站的目录结构是一个容易忽略的问题。其存在对于浏览者来说并没有什么感觉，但是对于站点的维护很重要。

为了方便网站的维护和管理，对"昆明之光"网站的目录结构设计如下：

kunming——站点根文件夹。

album——存放网站相册生成的子文件夹和文件。

files——存放除首页以外的其他网页。

image——存放所有图像文件。

jiaoyu——存放昆明高校的框架集页面和框架页面。

liuyan——存放留言簿、登录和注册相关页面。

Fireworks html——存放 Fireworks 导出的 Fireworks HTML 文件及子文件夹。

spry——存放 Spry 框架相关的页面。

others——存放动画、音频或视频文件等其他类型的文件。

3. 规划网站的链接结构

网站的链接结构指页面之间相互链接的拓扑结构。一般地，建立网站的链接结构有以下两种基本方式。

(1)树状链接结构(一对一)：类似 DOS 的目录结构，首页链接指向一级页面，一级页面指向二级页面。用这样的链接结构浏览时，一级级进入，一级级退出。树状链接结构的优点是：条理清晰，访问者明确自己在什么位置，不会"迷"路。缺点是：浏览效率低，从一个栏目下的子页面到另一个栏目下的子页面，必须绕经首页。

(2)星状链接结构(一对多)：类似网络服务器的链接，每个页面之间都建立链接。星状链接结构的优点是：浏览比较方便，随时可以到达自己需要的页面。缺点是：由于链接太多，容易使浏览者"迷"路，不清楚自己所在的位置。

因此，在实际的网站设计中，总是将这两种结构混合起来使用。最好的办法是：首页和一级页面之间用星状链接结构，一级和二级页面之间用树状链接结构。这样，浏览者既能方便快速地到达自己需要的页面，又能够清晰地知道自己的位置。关于链接结构的设计，在实际的网页制作中是非常重要的一环，采用什么样的链接结构直接影响到页面的布局。

习 题 1

1. 网页的基本元素有哪些？
2. 静态网页和动态网页的区别是什么？
3. 常用的网页编程技术有哪几种？
4. 常见的网页布局有哪几种？网页布局的原则是什么？
5. 网页色彩搭配有哪几种方法？用 Color Scheme Designer 在线配色工具设计一种色彩搭配方案。

第2章 HTML 基础

2.1 HTML 简介

1. HTML 概念

HTML 称为超文本标记语言，是一种标识性的语言。它包括一系列标签，通过这些标签可以将网络上的文档格式统一，使分散的 Internet 资源连接为一个逻辑整体。HTML 文本是由 HTML 命令组成的描述性文本，HTML 命令可以是说明文字、图形、动画、声音、表格、链接等。

超文本是一种组织信息的方式，它通过超链接方法将文本中的文字、图表与其他信息媒体相关联。这些相互关联的信息媒体可能在同一文本中，也可能是其他文件，或是地理位置相距遥远的某台计算机上的文件。这种组织信息的方式将分布在不同位置的信息资源用随机方式进行连接，为人们检索信息提供方便。

用 HTML 编写的超文本文档称为 HTML 文档，它能独立于各种操作系统平台(如 UNIX、Windows 等)。使用 HTML，将所需要表达的信息按某种规则写成 HTML 文件，通过专用的浏览器来识别，并将这些 HTML 文件翻译成可以识别的信息，即现在所见到的网页。

网页的本质就是超文本标记语言，通过结合使用其他的 Web 技术(如脚本语言、公共网关接口、组件等)，可以创造出功能强大的网页。因此，HTML 是 Web 编程的基础。

2. HTML 的版本

HTML 最初于 1989 年由 GERN 的 Berners-Lee 发明，版本有 1.0、2.0、3.2、4.0、4.01、5。1997 年 HTML4.0 成为互联网标准，并广泛应用于互联网应用的开发。HTML5 是互联网的下一代标准，是构建以及呈现互联网内容的一种语言描述方式，被认为是互联网的核心技术之一，极大地提升了 Web 在富媒体、富内容和富应用等方面的能力，被喻为终将改变移动互联网的重要推手。

3. HTML 的编辑

HTML 其实是文本，它需要浏览器的解释，它的编辑器大体可以分为以下几种：

(1)基本文本、文档编辑软件，使用微软自带的记事本或写字板都可以编写，但存盘时需使用.htm 或.html 作为扩展名，这样就方便浏览器认出直接解释执行了。

(2)半所见即所得软件，如 FCK-Editer、E-webediter 等在线网页编辑器；尤其推荐Sublime Text代码编辑器。

(3)所见即所得软件，使用最广泛的编辑器，完全不懂 HTML 的知识也可以做出网页，如 AMAYA、Frontpage、Dreamweaver、Microsoft Visual Studio。所见即所得软件与半所见即所得的软件相比，开发速度更快，效率更高，直观的表现更强。对任何地方进行修改只需要刷新即可显示。缺点是生成的代码结构复杂，不利于大型网站的多人协作和精准定位等高级功能的实现。

下面建立一个简单的范例。用记事本建立一个新的文本文件，输入以下代码，保存为index.html（扩展名也可是.htm）。然后双击该文件就可以用浏览器将它打开。

例 2-1

【例 2-1】简单的 HTML 文档，效果如图 2-1 所示。

```
<html>
<body>
<h1 align="left" >My First Heading</h1>
<p align="left">My first paragraph.</p>
</body>
</html>
```

My First Heading

My first paragraph.

图 2-1　简单的 HTML 文档

提示：

（1）<html>与</html>之间的文本描述网页；

（2）<body>与</body>之间的文本是可见的页面内容；

（3）<h1>与</h1>之间的文本被显示为标题 1；

（4）<p>与</p>之间的文本被显示为段落。

在浏览器看到的 HTML 网页是浏览器解释 HTML 源代码后产生的结果。要查看网页 HTML 的源代码，有两种方法：一是在网页空白处右击，打开快捷菜单，单击 View Source（查看源文件）命令；二是选择浏览器 View（查看）菜单中的 Source（源文件）命令。

注意：

（1）HTML 源程序为文本文件，文件扩展名默认使用.htm 或.html。

（2）标记符中的标记元素用尖括号括起来，带斜杠的元素表示该标记说明结束；大多数标记符必须成对使用，以表示作用的起始和结束；标记元素忽略大小写。

（3）许多标记元素具有属性说明，可用参数对元素做进一步的限定，多个参数或属性项说明次序不限，其间用空格分隔即可。

（4）标记符号，包括尖括号、标记元素、属性项等必须使用半角的西文字符，而不能使用全角字符。

（5）可以在 HTML 文档中加入自己的注释。注释不会显示在页面中，可以为以后维护提供参考思路。HTML 注释的内容可插入文本中的任何位置。HTML 注释语法为：<!-- 注释的内容 -->。

<body>

<!-- 我是被注释内容，并且在浏览器中不会显示 -->

我是内容

</body>

2.2　HTML 文件结构

2.2.1　HTML 文件基本结构

一个网页对应于一个HTML 文件，HTML 文件以.htm 或.html 为扩展名。可以使用任何能够生成 TXT 类型源文件的文本编辑器来产生 HTML 文件。一个完整的 HTML 文件基本结构如下：

```
<html>
<head>头部信息</head>
<body>正文信息</body>
</html>
```

HTML 的结构包括头部 (head)、正文 (body) 两大部分, <head>、</head>这两个标记符分别表示头部信息的开始和结尾。头部描述浏览器所需的信息, 如网页的标题、关键词、样式定义、脚本程序等。头部信息本身不作为内容来显示, 但影响网页显示的效果。头部中最常用的标记符是标题标记符<title>和<meta>标记符, 其中标题标记符用于定义网页的标题, 它的内容显示在网页窗口的标题栏中, 网页标题可被浏览器用作书签和收藏清单。而<meta>标记符用来描述一个 HTML 网页文档的属性, 例如作者、日期和时间、网页描述、关键词、页面刷新等。正文则包含所要说明的具体内容, 页面上显示的任何东西都包含在<body>、</body>这两个正文标记符之中。

每种 HTML 标记符在使用中可带有不同的属性, 以便对标记符作用的内容进行更详细的控制。

2.2.2 在 HTML 中嵌入 JavaScript 脚本程序

JavaScript 是一种能让网页更加生动活泼的脚本语言。可以利用 JavaScript 轻易地做出亲切的欢迎信息、漂亮的数字时钟、有广告效果的跑马灯及简易的选举, 还可以显示当前系统时间等特殊效果, 以提高网页的可观性。

在 HTML 中用<script>、</script>标记符插入 JavaScript 脚本程序。例如, 图片水中倒影特效的源程序如下:

```
<html>
<head>
<title>§7.4 图片水中倒影的特效</title>
<meta http-equiv="Content-Type" content="text/html; charset=gb2312">
</head>
<body bgcolor="#FFFFFF" onload="myf()">
<img height="102" id="myimg" src="penguin.gif" width="240"/><br>
<script language="JavaScript">
<!--
function myf()
{ setInterval("mydiv.filters.wave.phase+=10",100);
}
if (document.all)
{ document.write('<img id="mydiv" src="'+document.all.myimg.src+'" style=
"filter:wave(strength=3,freq=3,phase=0,lightstrength=30)blur()flipv()">')
}
-->
</script>
</body>
</html>
```

这称为内嵌脚本, 也可以从一个外部文件进行引用 (citation), 并且只能把它放在文档的头部。例如:

```
<head>
<script src="path/to/script.js" language="javascript" type="text/javascript">
```

```
</script>
</head>
```

图片倒影效果如图 2-2 所示。

图 2-2   图片倒影

2.2.3   在 HTML 中嵌入样式表

CSS 是英语 Cascading Style Sheets(层叠样式表)的缩写，它是一种用来表现 HTML 或 XML 等文件式样的计算机语言，用来进行网页风格设计。例如，链接文字未单击时是蓝色的，当鼠标指针移上去后文字变成红色的且有下划线，这就是一种风格。使用层叠样式表，可以精确指定网页元素的位置，控制网页外观以及创建特殊效果(图 2-3)。

图 2-3   CSS 效果示例

在网页上使用样式表有三种方法：

(1)应用内嵌样式到各个网页元素。

(2)在网页上创建嵌入式样式表。

(3)在网页中链接外部样式表。

1. 内嵌样式

使用内嵌样式以应用层叠样式表属性到网页元素上。例如，段落标记符的内嵌样式属性如下：

```
<p style="border-style: solid">
```

2. 嵌入式样式表

若只是定义当前网页的样式，则可使用嵌入式样式表。嵌入的样式用<style>标记符嵌在网页的<head>与</head>之间。嵌入式样式表中的样式只能在同一网页上使用。

例如，以下定义了名为 s1、s2、s3、s4、s5 的五种 CSS 类样式。

```
<html>
<head><title>字体属性示例</title>
<style>
<!--
    .s1{ font-family:黑体;font-size:x-large; font-style:italic }
    .s2{ font-size:larger}
    .s3{ font-variant:small-caps}
    .s4{ font-weight:bolder}
    .s5{ font:bolder italic 楷体_gb2312}
-->
</style>
</head>
</html>
```

3. 外部样式表

当要在站点上的所有或部分网页上一致地应用相同样式时，可使用外部样式表。在一个或多个外部样式表中定义样式，并将它们链接到所有网页，便能确保所有网页外观的一致性。如果人们决定更改样式，只需在外部样式表中做一次更改，而该更改会反映到所有与该样式表相链接的网页上。通常外部样式表以 .css 作为文件扩展名，如 mystyles.css。

在<head>与</head>之间链接外部样式表，例如：

```
<head>
<link rel="stylesheet" type="text/css" href="mycss2.css">
</head>
```

2.3　HTML 基本标记符

1. <html>

<html>标识 HTML 文件的开始和结束。

2. <head>

<head>标识 HTML 文件头部信息，包含很多网页的属性信息，如网页标题、关键字、网页内码等。<head>与</head>之间的内容不会在浏览器的"文档"窗口显示，但是其间的元素有特殊重要的意义。

3. \<title\>

\<title\>元素定义 HTML 文档的标题。\<title\>与\</title\>之间的内容将显示在浏览器窗口的标题栏。

4. \<body\>

\<body\>元素定义 HTML 文档的正文部分。在\<body\>与\</body\>之间，通常都会有很多其他元素；这些元素和元素属性构成 HTML 文档的正文部分。\<body\>元素中有下列元素属性。

1）bgcolor 属性

bgcolor 属性设置 HTML 文档的背景颜色。例如：

```
<body bgcolor="#CCFFCC">
```

在 HTML 中可使用两种方法说明颜色属性值，即颜色名(英文名)和颜色值，如 Red 表示红色。也可以用十六进制的 RGB 颜色值对颜色进行控制。用 6 个十六进制数来分别描述红、绿、蓝三原色的强度——RGB 值，每 2 个十六进制数表示一种颜色。使用颜色值时，应在值前冠以"#"号。HTML 常见颜色名和颜色值见表 2-1。

表 2-1　HTML 常见颜色名和颜色值

颜色	颜色名	RGB 值	颜色	颜色名	RGB 值
黑色	Black	#000000	白色	White	#ffffff
银色	Silver	#c0c0c0	黄色	Yellow	#ffff00
红色	Red	#ff0000	绿色	Green	#00ff00
蓝色	Blue	#0000ff	浅绿色	Aqua	#00ffff

2）background 属性

background 属性设置 HTML 文档的背景图片。可以使用的图片格式为 GIF、JPEG。例如，\<body background="images/bg.gif"\>。

3）bgproperties 属性

bgproperties=fixed 使背景图片呈水印效果，即图片不会随着滚动条的滚动而滚动。例如，\<body bgproperties="fixed"\>。

4）text 属性

text 属性设置 HTML 文档的正文文字颜色，默认为黑色。例如，\<body text="#FF6666"\>，text 属性定义的颜色将应用于整篇文档。

5）link、vlink、alink 属性

link、vlink、alink 分别设置没有访问过的超链接、访问过的超链接、当前活动超链接的颜色。例如，\<body link="#0000ff" vlink="#000000" alink="#ff0000"\>表示没有访问过的超链接的颜色为蓝色、访问过的超链接的颜色为黑色、当前活动超链接的颜色为红色(在超链接上按下鼠标左键但没有放开鼠标左键时称为当前活动超链接)。

6）leftmargin 和 topmargin 属性

leftmargin 和 topmargin 属性分别设置网页正文内容距离网页左端和顶端的距离。例如，\<body leftmargin="20" topmargin="30"\>。

5. <h1>~<h6>

HTML 用<h1>~<h6>这几个标记符来定义正文标题，从大到小。<h1>字体最大，<h6>字体最小。每个正文标题自成一段。

【例 2-2】网页 6 级标题的设置，效果如图 2-4 所示。

```
<html><head></head><body>
<h1>这是一级标题</h1>
<h2>这是二级标题</h2>
<h3>这是三级标题</h3>
<h4>这是四级标题</h4>
<h5>这是五级标题</h5>
<h6>这是六级标题</h6>
</body></html>
```

这是一级标题
这是二级标题
这是三级标题
这是四级标题
这是五级标题
这是六级标题

例 2-2

图 2-4   一至六级标题

6. <p>

在 HTML 里用<p>和</p>划分段落。例如：

```
<p>这是第一段。</p>
```

7.

通过使用
，可以在不新建段落的情况下换行。例如：

```
<p>This<br>is a para<br>graph with line breaks</p>
```

8. HTML 注释

在 HTML 文件里，可以写代码注释，解释说明代码，这样有助于他人能够更好地理解代码。注释写在"<!--"和"-->"之间。浏览器忽略注释。例如：

```
<!-- This is a comment -->
```

9. <meta>

<meta>标记符可以插入很多很有用的元素属性。下面介绍四种。

1）标记页面关键词

```
<meta name="keywords" content="study,computer">
```

2）标记文档作者

```
<meta name="author" content="ding haiyan">
```

3）标记页面解码方式

```
<meta http-equiv="Content-Type" content="text/html; charset=gb2312">
```

4）自动刷新网页

```
<meta http-equiv="refresh" content="5;URL=http://www.enet.com.cn/eschool">
```

10. <hr>

用<hr>在网页中插入一条水平线。

【例 2-3】插入水平线，效果如图 2-5 所示。

```
<html>
<body>
<p>用 hr 这个 tag 可以在 HTML 文件里加一条水平线。</p>
<hr>
<p>网页设计与制作。</p>
<hr>
</body></html>
```

11. <font>

通过使用字体标记符<font>的 size、face 和 color 属性可以定义文字的大小、字体和颜色。例如：<font size="5" face="隶书" color="blue">云南大学信息学院</font>。

图 2-5　插入水平线

【例 2-4】字体标记符<font>，页面如图 2-6 所示。

```
<html>
<head></head>
<body><font size="5" face="隶书" color="blue">
云南大学信息学院</font>
</body>
</html>
```

云南大学信息学院

图 2-6　字体标记符

但在最新的 HTML 版本中，字体标记符已废弃。用样式表(CSS)来定义布局，以及显示 HTML 元素的属性。例如：

```
<html><body>
<h1 style="font-family:verdana">A heading</h1>
<p style="font-family:courier">A paragraph</p>
</body></html>
```

2.4　常用文本格式标记符

HTML 可定义很多供格式化输出的元素，如粗体和斜体字。下面是常用的文本格式标记符：<b>表示粗体 bold；<i>表示斜体 italic；<del>表示文字加删除线；<ins>表示文字加下划线；<sub>表示下标；<sup>表示上标；<blockquote>表示块引用；<pre>表示保留空格和换行；<code>表示等宽字体。

【例 2-5】文本格式举例，效果如图 2-7 所示。

```
<html><body>
<p><del><b>粗体用 b 表示。</b></del><ins><i>斜体用 i 表示。</i></ins></p>
<p>X<sub>2</sub>其中的 2 是下标，X<sup>2</sup>其中的 2 是上标</p>
<p><blockquote>好好学习，天天向上。</blockquote></p>
<pre>
这是预设文本.在 pre 这个 tag 里的文本
```

```
保留      空格和
换行。
</pre>
<code>code 里显示的字符是等宽字符。</code>
</body></html>
```

在浏览器看到的 HTML 网页是浏览器解释 HTML 源代码后产生的结果。

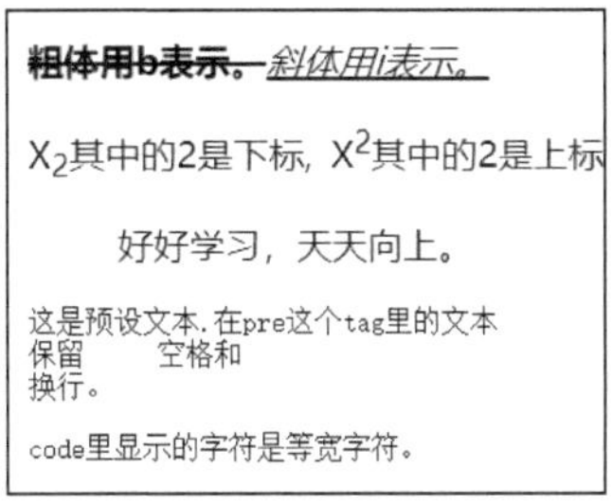

图 2-7　文本显示

2.5　超链接标记符

2.5.1　超链接的定义

HTML 用<a>来表示超链接，英文称为 anchor。超链接可以是文字，也可以是一幅图像，可以单击这些内容来跳转到新的文档或者当前文档中的某个部分。

通过使用<a>标记符在 HTML 中创建链接。有两种使用<a>标记符的方式：

（1）通过使用 href 属性创建指向另一个文档的链接；

（2）通过使用 name 属性创建文档内的书签。

<a>可以指向任何一个文件源：一个 HTML 网页、一幅图像、一个影视文件等。格式如下：

<a href="url">链接的显示文字</a>

单击<a>与</a>之间的内容，即可打开一个链接文件。

2.5.2　超链接<a>的属性

1．href 属性

href 属性表示这个链接文件的路径。例如，链接到云南大学站点首页，表示如下：

```
<a href="http://www.ynu.edu.cn">云南大学</a>
```

也可以链接到电子邮件，单击这个链接，就会触发邮件客户端，如 Outlook Express，然后显示一个新建邮件的窗口，表示如下：

```
<a href = "mailto:info@sina.com">联系新浪</a>
```

2．target 属性

target 属性指定链接文件的打开方式，有 4 种属性值。

（1）target="_blank"：在新的浏览器窗口里打开链接文件。

（2）target="_self"：默认值，使用链接所在的同一框架或窗口中加载链接文件。

（3）target="_parent"：在链接所在框架的父框架或父窗口加载链接文件。

（4）target="_top"：将链接的文件载入整个浏览器窗口中，因而会删除所有框架。

3．title 属性

使用 title 属性，可以让鼠标指针悬停在超链接上时，显示该超链接的文字注释。例如：

```
<a href="http://www.ynu.edu.cn" target="_blank" title="云南大学网站">云南
大学</a>
```

4．name 属性

使用 name 属性，可以跳转到一个文件的指定部位。使用 name 属性，一是要设定 name 的名称，二是要设定一个 href 指向这个 name。例如：

```
<a href="#C1">参见第一章</a>
<a name="C1">第一章</a>
```

例 2-6

【例 2-6】超链接例子，效果如图 2-8 所示。

```
<html><body>
<p><a href="2-5.html" target="_blank">例 2-5</a>是一个页面链接。</p>
<p><a href="http://www.ynu.edu.cn" title="云南大学" >云南大学</a></p>
</body></html>
```

例2-5 是一个页面链接。

云南大学

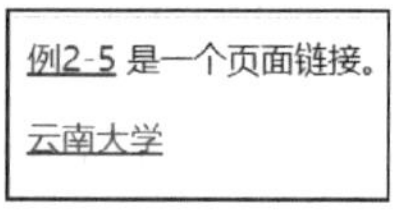

图 2-8   超链接例子

2.6   表   格

2.6.1   表格的概念

表格是一种在 HTML 页面上布置数据和图像的非常强大的工具。表格为 Web 设计者提供了向页面添加垂直和水平结构的办法。表格由三个基本组件构成：行、列和单元格。

表格在网页制作中有着举足轻重的地位，很多网站的页面都是以表格为框架制作的，这是因为表格在内容的组织、页面中文本和图形的位置控制方面都有很强的功能，灵活、熟练地使用表格，会使我们在网页制作中如虎添翼。

2.6.2   表格的定义

表格由<table>标签定义。每个表格均有若干行（由<tr>标签定义），每行被分割为若干单元格（由<th>或< td>标签定义）。字母 td 指表格数据（Table Data），即数据单元格的内容。数据单元格可以包含文本、图片、列表、段落、表单、水平线、表格等。

1．表格标签<table>、行标签<tr>和列标签<td>

<table>标签定义 HTML 表格。简单的 HTML 表格由 table 元素以及一个或多个 tr、th 或

td 元素组成。<tr>标签定义 HTML 表格中的行，tr 元素包含一个或多个 th 或 td 元素。<th>标签定义 HTML 表格中的表头单元格。<td>标签定义 HTML 表格中的标准单元格。

```
<table border="1">
<tr><td>第 1 行第 1 列</td><td>第 1 行第 2 列</td></tr>
<tr><td>第 2 行第 1 列</td><td>第 2 行第 2 列</td></tr>
</table>
```

注意：使用边框属性<table border="1">来显示一个带有边框的表格。如果 border="0"，表格将不显示边框。

2. 表头单元格标签<th>

th 是 Table Header（表头）的缩写，th 元素内部的文本通常会呈现为居中的粗体文本，而 td 元素内的文本通常是左对齐的普通文本。

```
<table border="1">
<tr><th>Heading</th><th>Another Heading</th></tr>
<tr><td>第 1 行第 1 列</td><td>第 1 行第 2 列</td></tr>
<tr><td>第 2 行第 1 列</td><td>第 2 行第 2 列</td></tr>
</table>
```

3. 表格标题标签<caption>

用<caption>标签给表格加标题。例如：

```
<table border="1">
<caption>课程表</caption>
<tr><td>第 1 行第 1 列</td><td>第 1 行第 2 列</td></tr>
<tr><td>第 2 行第 1 列</td><td>第 2 行第 2 列</td></tr>
</table>
```

4. cellpadding 属性和 cellspacing 属性

用 cellpadding 属性设置单元格里面的内容与单元格边框的距离。用 cellspacing 属性设置单元格与单元格之间的距离。例如：

```
<table cellpadding="10" cellspacing="10" >
```

5. rowspan 属性和 colspan 属性

使用 td 或 th 的 rowspan 属性或 colspan 属性定义跨行或跨列的表格单元格。
<th rowspan="2">表示此单元格合并了 2 行。
<td colspan="2">表示此单元格合并了 2 列。

【例 2-7】基本表格举例，如图 2-9 所示。

例 2-7

```
<html>`
<body>
<h4>横跨两列的单元格：</h4>
<table border="1" cellspacing="5" cellpadding="5">
<caption>联系电话</caption>
<tr><th>姓名</th><th colspan="2">电话</th></tr>
```

```
<tr><td>Bill Gates</td><td>5033956</td><td>5066945</td></tr>
</table>
<h4>横跨两行的单元格: </h4>
<table border="1">
<tr><th>姓名</th><td>Bill Gates</td></tr>
<tr><th rowspan="2">电话</th><td>3320955</td></tr>
<tr><td>3304876</td></tr>
</table>
</body></html>
```

图 2-9　基本表格举例

6. 表格背景色和背景图

在<table>标记符中用 bgcolor 属性设置表格背景色,用 background 属性设置表格背景图片。例如:

```
<table border="1" bgcolor="red"  background="2.jpg">
```

例 2-8

【例 2-8】表格背景色与背景图,效果如图 2-10 所示。

```
<html>
<body>
<h4>背景颜色: </h4>
<table border="1" bgcolor="red">
<tr><td>First</td><td>Row</td></tr>
<tr><td>Second</td><td>Row</td></tr>
</table>
<h4>背景图像: </h4>
<table border="1" background="2.jpg">
<tr><td>First</td><td>Row</td></tr>
<tr><td>Second</td><td>Row</td></tr>
</table>
</body>
</html>
```

图 2-10　表格背景色与背景图

7. 对齐方式

表格或单元格内容在水平方向上的对齐方式有三种,用属性 align 设置。例如:

```
<table align="left | center | right">
```

或者

```
<td align="left | center | right">
```

单元格内容在垂直方向上的对齐方式也有三种,用属性 valign 设置。例如:

```
<td valign="top | middle | bottom">
```

【例 2-9】单元格内容对齐方式,效果如图 2-11 所示。

```
<html>
<body>
<table width="291" height="193" border="1" align="center">
<tr>
<th width="99" align="left">消费项目...</th>
<th width="71" align="right">一月</th>
```

```
<th width="75" align="right">二月</th>
</tr>
<tr>
<td align="left">衣服</td>
<td align="right" valign="top">$241.10</td>
<td align="right" valign="top">$50.20</td>
</tr>
<tr>
<td align="left">化妆品</td>
<td align="right" valign="middle">$30.00</td>
<td align="right" valign="middle">$44.45</td>
</tr>
<tr>
<td align="left">食物</td>
<td align="right" valign="bottom">$730.40</td>
<td align="right" valign="bottom">$650.00</td>
</tr>
<tr>
<th align="left">总计</th>
<th align="center" valign="middle">$1001.50</th>
<th align="center" valign="middle">$744.65</th>
</tr>
</table></body>
</html>
```

消费项目...	一月	二月
衣服	$241.10	$50.20
化妆品	$30.00	$44.45
食物	$730.40	$650.00
总计	**$1001.50**	**$744.65**

图 2-11　单元格内容对齐方式

2.7　HTML 列表

2.7.1　有序列表

有序列表是一个项目的列表，列表项目使用数字进行标记。有序列表始于<ol>标签。每个列表项始于<li>标记符。列表项内部可以使用段落、换行符、图片、链接以及其他列表等。

语法：

<ol type="1 | A | a | I |ⅰ">

其中，1 表示数字序号；A 表示大写字母序号；a 表示小写字母序号；Ⅰ表示大写罗马字母序号；ⅰ表示小写罗马字母序号。默认值为 1。

```
<ol>
<li>Coffee</li>
<li>Milk</li>
</ol>
```

【例 2-10】不同类型的有序列表，效果如图 2-12 所示。

```
<html>
<body>
<h4>数字列表：</h4>
<ol>
<li>苹果</li>
<li>香蕉</li></ol>
<h4>大写字母列表：</h4>
<ol type="A">
<li>苹果</li>
<li>香蕉</li></ol>
<h4>小写字母列表：</h4>
<ol type="a">
<li>苹果</li>
<li>香蕉</li></ol>
<h4>大写罗马字母列表：</h4>
<ol type="Ⅰ">
<li>苹果</li>
<li>香蕉</li>
</ol>
<h4>小写罗马字母列表：</h4>
<ol type="i">
<li>苹果</li>
<li>香蕉</li>
</ol>
</body>
</html>
```

数字列表：

1. 苹果
2. 香蕉

大写字母列表：

A. 苹果
B. 香蕉

小写字母列表：

a. 苹果
b. 香蕉

大写罗马字母列表：

I. 苹果
II. 香蕉

小写罗马字母列表：

i. 苹果
ii. 香蕉

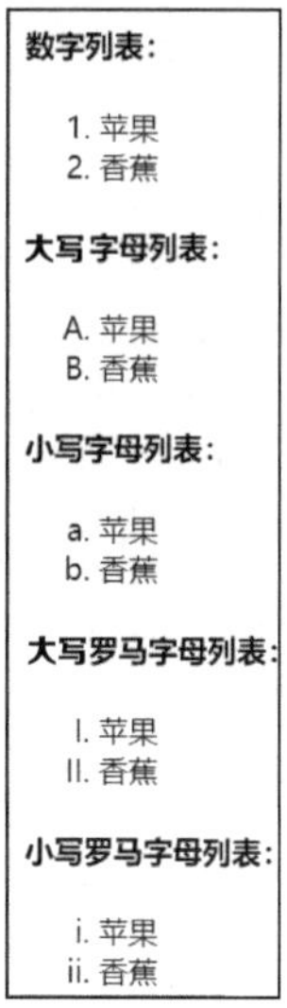

图 2-12 不同类型的有序列表

2.7.2 无序列表

无序列表是一个项目的列表，列表项目使用粗体圆点进行标记。无序列表始于<ul>标签。每个列表项始于<li>。列表项内部可以使用段落、换行符、图片、链接以及其他列等。
语法：
<ul type="disc | circle | square ">
其中，disc 表示实心圆点；circle 表示空心圆点；square 表示实心方块。默认值为 disc。

```
<ul>
<li>Coffee</li>
<li>Milk</li>
</ul>
```

【例 2-11】不同类型的无序列表，效果如图 2-13 所示。

```
<html>
<body>
<h4>disc 项目符号列表：</h4>
<ul type="disc">
<li>苹果</li>
```

```
<li>香蕉</li>
</ul>
<h4>circle 项目符号列表：</h4>
<ul type="circle">
<li>苹果</li>
<li>香蕉</li>
</ul>
<h4>square 项目符号列表：</h4>
<ul type="square">
<li>苹果</li>
<li>香蕉</li>
</ul>
</body>
</html>
```

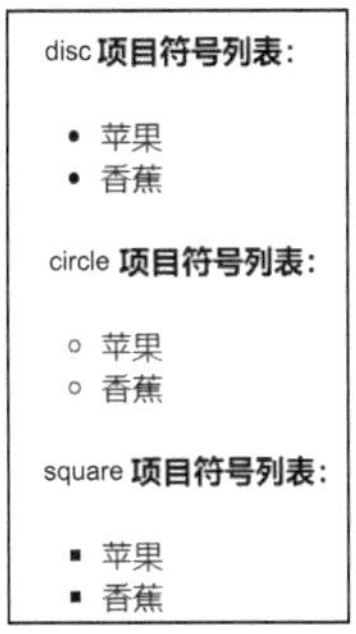

图 2-13　不同类型的无序列表

2.8　图　　像

2.8.1　图像的基本知识

图像文件的格式非常多，如 GIF、JPEG、BMP、PCX、PNG、TIFF、WMF 等。这些图像多数都能插入在网页中，不过，为适应网络传输和网页浏览的需要，在网页中最常用的图像格式是 GIF 格式和 JPEG 格式。

（1）GIF 图像。GIF 是 Graphical Interchange Format 的缩写，是网页中使用最多的一种图像，它采用无损压缩技术，图像数据量小，解压速度快，传输便捷，支持透明特性。GIF 格式的图像实际上包括两种类型，一种是静态的图像，另一种是动态的图像，这两种类型的图像都被广泛地使用。

（2）JPEG 图像。JPEG 是 Join Photographic Experts Group 的缩写，这种图像的颜色丰富，GIF 图像只有 256 种颜色，而 JPEG 图像可达 1670 万种颜色，常用 JPEG 图像存储色彩比较丰富的画面，如风景画、照片等。由于 JPEG 图像采用了压缩比更高的压缩技术，所以图像文件的数据量也很小，上传和下载速度很快。

在 HTML 中，图像由<img>标签定义。<img>只包含属性，没有闭合标签。

2.8.2　图像的使用

1. 源属性

src 指 source。源属性的值是图像的 URL 地址。定义图像的语法是：<img src="url">。

2. 替换文本属性

alt 属性用来为图像定义一串预备的可替换的文本。在浏览器无法载入图像时，浏览器将显示这个替代性的文本而不是图像。

```
<img src="boat.gif" alt="Big Boat">
```

【例2-12】图像的基本用法，效果如图2-14所示。

```html
<html>
<body>
<p>一幅图像:
<img src="eg_mouse.jpg" width="128" height="128"
alt="mouse"></p>
</body>
</html>
```

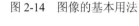

图2-14　图像的基本用法

3. 页面背景图像

在<body>用background属性设置网页背景图像，GIF和JPEG文件均可用作页面背景。如果图像小于页面，图像会进行重复平铺。

```html
<body background="eg_background.jpg">
```

【例2-13】网页背景图像，效果如图2-15所示。

```html
<html>
<body background="eg_background.jpg">
<h3>图像背景</h3>
<p>GIF和JPG文件均可用作HTML背景。</p>
<p>如果图像小于页面，图像会进行重复。</p>
</body></html>
```

图像背景

GIF和JPG文件均可用作HTML背景。

如果图像小于页面，图像会进行重复。

图2-15　网页背景图像效果

4. 文字和图像混排

图像旁边的文字与图像在垂直方向上的位置有三种：文字在图片的顶部、中部和底部。默认对齐方式为bottom对齐方式。

```html
<img src=" eg_cute.gif " align="bottom | middle | top">
```

【例2-14】文字与图像的混排，效果如图2-16所示。

```html
<html><body>
<p><img src=" eg_cute.gif" align="bottom">文本在图像底部对齐</p>
<p><img src =" eg_cute.gif" align="middle">文本在图像中部对齐</p>
<p><img src =" eg_cute.gif" align="top">文本在图像顶部对齐</p>
</body></html>
```

5. 段落与图像的混排

在实际应用中常用的是段落与图像的混排，不仅可以规定段落与图像的排列关系：图像在左边和图像在右边，还可以指定段落与图像之间的距离。

例如，<img src ="eg_cute.gif" align ="left" vspace="20" hspace="30">表示图像在左边，图像与段落在垂直和水平方向的距离分别为20像素和30像素。

【例2-15】段落与图像混排，效果如图2-17所示。

```html
<html>
<body>
<p><img src ="eg_cute.gif" align ="left">
带有图像的一个段落。图像的align属性设置为 "left"。图像将浮动到文本的左侧。</p>
```

```
<p><img src ="eg_cute.gif" align ="right">
带有图像的 一个段落。图像的 align 属性设置为 "right"。图像将浮动到文本的右侧。</p>
</body>
</html>
```

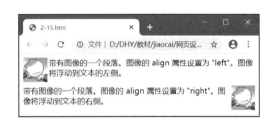

图 2-16　文本与图像的混排　　　　　图 2-17　段落与图像混排

6. 图片的宽、高属性

<img>的 width 属性设置图片显示的宽度，height 属性设置图片显示的高度，单位为像素。例如，<img src="eg_mouse.jpg" width="50" height="50">，显示的图片宽度和高度均为 50 像素。

7. 图像作为超链接

也可以把图像作为超链接来使用，将<img>括在<a>与</a>之间。

```
<a href="2-17.htm"><img border="0" src="eg_buttonnext.gif" /></a>
```

【例 2-16】图像作为超链接，效果如图 2-18 所示。

```
<html><body>
<p>可以把图像作为超链接来使用：
<a href="2-17.htm"><img border="0" src="eg_
buttonnext.gif" /></a></p>
</body>
</html>
```

例 2-16

图 2-18　图像作为超链接

8. 图像热点链接

图像热点就是一幅图像中划分出来的若干个区域，可以为每个区域创建不同的超链接，单击图像中的不同区域可以跳转到不同的目标页面。图像热点链接通常用于电子地图、页面导航图等。

(1)<map>标记符。<map>标记符用于设定图像热点的作用区域，并为指定的图像地图设定名称。

语法：

<map name="图像地图名称" id="图像地图名称">…</map>

(2)<area>标记符。<area>标记符用于图像热点，通过该标记符可以在图像地图中设定作用区域(又称热点)，当用户单击某个热点时，会链接到设定好的页面。

语法：

<area class="type" id="value" href="url" alt="text" shape="area-shape" coords="value"/>

其中，class 表示引用的类名；id 表示该区域的名称；href 用于设定热点所链接的 URL 地址；

alt 表示该热点的替换文本；shape 用于设定热点的形状；coords 用于设定热点的坐标位置。

例如：

（1）<area shape="circle" coords="180,139,14" href ="eg_venus.jpg"/>，表示设定热点的形状为圆形，圆心坐标为(180,139)，半径为 14。

（2）<area shape="rect" coords="103,6,153,49" href=" eg_venus.jpg "/>，表示设定热点的形状为矩形，左上顶点的坐标为 (103,6)，右下顶点的坐标为(153,49)。

（3）<area shape="poly" coords="14,14,31,6,39,19,26,37,11,28,37,31,6,37" href="eg_venus.jpg"/>，表示设定热点的形状为多边形，各顶点的坐标依次为(14,14)、(31,6)、(39,19)、(26,37)、(11,28)、(37,31)、(6,37)。

【例 2-17】热点链接。

设计视图中有三个热点：两个圆形和一个矩形(图 2-19)，效果如图 2-20 所示。

例 2-17

```
<html>
<body>
<p>请单击图像上的星球，把它们放大。</p>
<img src="eg_planets.jpg" border="0" usemap="#planetmap" alt="Planets" />
<map name="planetmap" id="planetmap">
    <area shape="circle" coords="180,139,14" href ="eg_venus.gif" target
="_blank" alt="Venus" />
    <area shape="circle" coords="129,161,10" href ="eg_venus.gif" target
="_blank" alt="Mercury" />
    <area shape="rect" coords="0,0,110,260" href ="eg_sun.gif" target
="_blank" alt="Sun" />
</map>
</body>
</html>
```

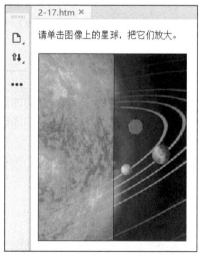

图 2-19 "设计"视图中三个热点

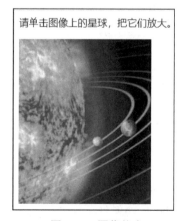

图 2-20 图像热点

注意：<img>元素中的 usemap 属性引用 map 元素中的 id 或 nam 属性(根据浏览器)，所以同时向 map 元素添加了 id 和 name 属性。

2.9　页　内　框　架

与框架结构网页将整个浏览器划分成多个区域不同,页内框架作为网页的一个组成部分,因此可以获得较好的布局效果(图 2-21)。页内框架的标记符是<iframe>,它是插入网页中作为一个对象来使用的。包含在<iframe>与</iframe>之间的内容,只有不支持框架或设置为不显示框架的浏览器才显示。

图 2-21　页内框架

<iframe>语法:

<iframe　width="x"　height="y"　frameborder= "1|0" scrolling="yes|no|auto" align= "top|middle|bottom|right|left" src="URL" name="iframename"　marginwidth= "x"　marginheight="y" >

<iframe>属性:

(1) src="URL":指定在页内框架中显示的网页的 URL。

(2) width="x":指定页内框架的宽,x 为像素值或该页内框架占窗口宽度的百分比。

(3) height="y":指定页内框架的高,y 为像素值或该页内框架占窗口高度的百分比。

(4) align="top|middle|bottom|right|left":指定页内框架的对齐方式。

(5) frameborder="1|0":指定页内框架是否使用边框。

(6) name="iframename":指定页内框架的名字。

(7) scrolling="yes|no|auto":指定页内框架是否加滚动条,默认为 auto。

(8) marginwidth="x":指定页内框架水平方向上内容与边框的距离,x 为像素值。

(9) marginheight="y":指定页内框架垂直方向上内容与边框的距离,y 为像素值。

【例 2-18】页内框架示例(图 2-22)。

例 2-18

```
<html><head>
<title>无标题文档</title></head>
<body>
<table width="800" height="546" border="1" align="center">
<tr><td height="36" align="center">
<a href="http://www.163.com" target= "main">网易</a>
<a href="http://www.21cn.com" target="main">21cn</a>
<a href="http://www. sina.com.cn" target="main">新浪</a></td></tr>
<tr><td height="500">
<iframe  scrolling="auto"  name="main"  width="800"  height="500">真可
惜!您的浏览器不支持框架!</iframe></td></tr>
</table></body></html>
```

图 2-22　页内框架示例

提示：超链接若要在页内框架中打开，则有

(1)给<iframe>命名，如命名为 main。

```
<iframe scrolling="auto" name="main" width="800" height="500">
```

(2)在<a>标记符中增加属性 target="main"。例如：

```
<a href="http://www.163.com" target="main">网易</a>
```

2.10　表　　单

2.10.1　表单的概念

HTML 表单用于搜集不同类型的用户输入。主要负责数据采集的功能，如可以采集访问者的名字和 E-mail 地址、调查表、留言簿等。

表单是一个包含表单元素的区域。表单元素是允许用户在表单中(如文本框、下拉列表、单选按钮、复选框等)输入信息的元素。

表单使用表单标记符<form>定义。格式为：

<form>…input 元素...</form>

多数情况下被用到的表单元素是输入标签<input>。输入类型由类型属性 type 定义。

2.10.2　表单元素

1.　文本框

当用户要在表单中输入字母、数字等内容时，就会用到文本框。文本框的默认宽度是 20 个字符。

```
<form>
姓：<input type="text" name="firstname" /><br/>
名：<input type="text" name="lastname" />
</form>
```

2. 密码框

当在密码框中输入字符时，浏览器将使用项目符号来代替这些字符。

```
<form>
用户名:<input type="text" name="user"/><br/>
密码:<input type="password" name="password"/>
</form>
```

3. 单选按钮

当用户从若干给定的选择中选取其一时，就会用到单选按钮。注意，只能从中选取其一。

```
<form>
<input type="radio" name="sex" value="male" />男<br/>
<input type="radio" name="sex" value="female" />女
</form>
```

4. 复选框

当用户需要从若干给定的选择中选取一个或若干选项时，就会用到复选框。

```
<form>
<input type="checkbox" name="bike" />I have a bike<br/>
<input type="checkbox" name="car" />I have a car
</form>
```

5. 表单的动作属性和"确认"按钮

当用户单击"确认"按钮时，表单的内容会被传送到另一个文件。表单的动作属性(action)指定了目的文件的文件名。由动作属性定义的这个文件通常会对接收到的输入数据进行相关的处理。

```
<form name="input" action="html_form_action.asp" method="get">
用户名:<input type="text" name="user" />
<input type="submit" value="提交" />
</form>
```

若在上面的文本框内输入几个字母，然后单击"确认"按钮，那么输入数据会传送到html_form_action.asp 的页面。该页面将显示出输入的结果。

若要将表单信息发送到电子邮件地址，代码如下:

```
<form action="mailto:someone@163.com" method="post" enctype="text/plain">...</form>
```

6. 下拉列表

下拉列表是一个可选列表。

```
<html><body>
<form>
<select name="xueli">
<option value="高中">高中</option>
<option value="本科">本科</option>
```

```
<option value="硕士">硕士</option>
<option value="博士">博士</option>
</select>
</form></body></html>
```

7. 文本区域

用文本区域可以定义多行多列的文本框。例如:

```
<textarea rows="10" cols="30">
```

8. 按钮

有三种按钮,分别是"提交"、"重置"和"自定义"按钮,type 设置按钮类型,value 是按钮上显示的值。

```
<form>
<input type="submit" value="提交" />
<input type="reset" value="重置" />
<input type="button" value="Hello world!"/>
</form>
```

9. 文件域

文件域可以通过"浏览"按钮选择一个文件。语法如下:

```
<input type="file"/>
```

【例 2-19】表单综合示例(图 2-23)。

图 2-23 表单综合示例

```
<html>
<head>
<meta charset="utf-8">
<title>无标题文档</title>
</head>

<body>
<form action="do_submit.asp" method="post">
姓名: <input type="text" name="username"><br>
密码:<input type="password" name="userpwd"><br>
性别: <input type="radio" name="sex" checked>男
<input type="radio" name="sex">女 <br>
血型: <input type="radio" name="blood" checked>O
<input type="radio" name="blood">A
<input type="radio" name="blood">B
<input type="radio" name="blood">AB <br>
性格: <input type="checkbox" checked>热情大方
 <input type="checkbox">温柔体贴
<input type="checkbox">多情善感<br>
文件: <input type="FILE"><br>
```

```
简介：<textarea rows="8" cols="30"></textarea><br>
城市：<select size=1>
<option>北京市</option>
<option>上海市</option>
<option>南京市</option>
</select><br>
<input type="button" value="按钮"><input type="submit" value="提交">
<input type="reset" value="reset">
</form>
</body>
</html>
```

2.11 背 景 音 乐

<bgsound>用来插入背景音乐，bgsound 元素可出现在文档中的任何位置，此元素不需要关闭标记符。格式为：

```
<bgsound src="URL" loop="-1| n | false" autostart="true | false"
volume="num">
```

其常用参数如下。

(1) src="URL"：指定声音文件的路径和文件名。

(2) loop="-1|n|false "：音乐播放次数。-1 表示重复无限次，n 表示重复 n 次，false 表示不循环。

(3) autostart="true|false"：设定声音文件是否传送完就自动播放，默认为 false。

(4) volume="num"：设定音量的大小，取值范围为 0~10。

习 题 2

一、简答题

1．一个 HTML 文件的基本结构是什么？

2．HTML 文档的基本标记符有哪些？

3．文本修饰的标记符有哪些？

4．超链接的标记符是什么？属性 target 的作用是什么？

5．表格主要由哪些元素构成？<th>与<td>有何区别？

6．什么是框架和页内框架？两者有何区别？

7．什么是表单？常用的表单元素有哪些？创建表单和各表单元素的标记符有哪些？

8．在网页中插入背景音乐的标记符是什么？其常用属性有哪些？

二、选择题

1．文档标题可以在(   )标记符中设置。

    A．<html>   B．<body>   C．<title>   D．<meta>

2. 一个网站中的多个网页之间是通过（　　）联系起来的。

    A．文字   B．超链接   C．网络服务器   D．CGI

3. 在 Dreamweaver 中，<body>标记符的属性包括（　　）。

    A．背景   B．字体及链接的颜色   C．页边距   D．关键词

4. 在 HTML 文本显示状态代码中，<u>与</u>表示的是（　　）。

    A．文本加粗   B．文本斜体   C．文本加注底线   D．删除线

5. 在 HTML 中，<body alink="#ff0000">表示（　　）。

    A．设置链接颜色为红色

    B．设置访问过的链接颜色为红色

    C．设置鼠标悬停在链接上的颜色为红色

    D．设置活动链接颜色为红色

6. 关于网页中的换行，下列说法错误的是（　　）。

    A．可以使用
标记符换行

    B．可以使用<p>标记符换行

    C．使用
标记符换行与使用<p>标记符换行默认的行间距有区别

    D．可以直接在 HTML 代码中按下回车键换行，网页中的内容也会换行

7. 将文本强制换行，但不更换段落，应该按（　　）键。

    A．Enter   B．Ctrl+Enter   C．Shift+Enter   D．Alt+Enter

8. 下面图像格式中，只有（　　）格式支持图像背景透明。

    A．GIF   B．JPEG   C．BMP   D．PCX

9. 创建空链接使用的符号是（　　）。

    A．@   B．#   C．&   D．*

10. 页面属性设置中，背景图案默认的填充方式是（　　）。

    A．横向排列   B．平铺   C．纵向排列   D．单个图像

11. <img src="name" align="left">的意思是：图像（　　）。

    A．向左对齐   B．向右对齐   C．与底部对齐   D．与顶部对齐

12. 关于超链接说法正确的是（　　）。

    A．只能链接到页面   B．可以把图片做成超链接

    C．不可链接到外地站点上   D．不可链接到本页

13. 关于下列代码中的表格有（　　）。

```
<table width="300" cellpadding="0" cellspacing="0">
<tr><td width="31%">日期</td><td width="22%">课程</td></tr>
<tr><td>9 月 1 日</td><td>Dreamweaver 网页设计</td></tr>
<tr><td>9 月 10 日</td><td>Flash 动画设计</td></tr>
</table>
```

    A．2行、3列   B．3行、3列   C．3行、2列   D．2行、2列

14. 一个含有 3 个框架的 Web 页实际上有（　　）个独立的 HTML 文件。

    A．2   B．3   C．4   D．5

15. 在 Dreamweaver 中设置超链接属性，当目标框架设置为_blank 时，表示的是（　　）。

A．在当前窗口的父框架中打开链接

B．新开一个浏览器窗口来打开链接

C．在当前框架打开链接，这也是默认的方式

D．在当前浏览器中的最外层打开链接

16．在 HTML 中，下面是超链接标记符的是（　　）。

　　A．<a>···</a>　　　　　　　　　　B．<img>···</img>

　　C．<font>···</font>　　　　　　　　D．<p>···</p>

17．创建一个自动发送电子邮件的链接的代码是（　　）。

　　A．<a href="#NAME"></a>　　　　　B．<a name="NAME"></a>

　　C．<a href="mailto:E-mail address"></a>　　D．<a href="URL"></a>

第 3 章　HTML5 新功能

3.1　HTML5 简介

HTML 产生于 1990 年，1997 年 HTML4 成为互联网标准，并广泛应用于互联网应用的开发。HTML5 是最新的 HTML 标准，被认为是互联网的核心技术之一。HTML5 是专门为承载丰富的 Web 内容而设计的，并且无需额外的插件；HTML5 提供的新元素和新的 API 简化了 Web 应用程序的搭建。HTML5 是跨平台的，被设计为在不同类型的硬件(PC、平板、手机、电视机等)上运行。

HTML5 将 Web 带入一个成熟的应用平台，在这个平台上，对视频、音频、图像、动画以及与设备的交互都进行了规范。

HTML5 的一些新特性如下：

(1)新的语义元素，如<header>、<footer>、<article>和<section>。

(2)新的表单控件，如数字、日期、时间、日历和滑块。

(3)强大的图像支持(借由<canvas>和<svg>)。

(4)强大的多媒体支持(借由<video>和<audio>)。

(5)强大的新 API，如用本地存储取代 cookie。

一个 HTML5 实例如下(图 3-1)：

图 3-1　HTML5 实例

```
<!doctype html>
<html>
<head>
<meta charset="UTF-8">
<title>Title of the document</title>
</head>
<body>
<video width="420" controls>
<source src="mov_bbb.mp4" type="video/mp4">
<source src="mov_bbb.ogg" type="video/ogg">
Your browser does not support the video tag.
</video>
</body>
</html>
```

注意：<!doctype>声明位于文档中的最前面的位置，处于<html>标记符之前，告知浏览器网页采用 HTML5。

< meta charset="UTF-8">表示 HTML5 中默认的字符编码是 UTF-8。

3.2　HTML 标记符功能分类

自 1999 年以后 HTML4.01 已经改变了很多，如今，以下的 HTML4.01 标记符在 HTML5 中已经被删除：<acronym>、<applet>、<basefont>、<big>、<center>、<dir>、<font>、<frame>、

<frameset>、<noframes>、<strike>、<tt>。

为了更好地适应如今的互联网应用，HTML5 添加了很多新元素及功能，如图形的绘制、多媒体内容、更好的页面结构、更好的形式处理和几个 API 拖放元素、定位，包括网页应用程序缓存、存储等。

按功能类别排列的 HTML 标记符列表如表 3-1～表 3-12 所示(注意：表格中 5 表示在 HTML5 中定义了该元素；"*"表示在 HTML5 中不再使用)。

表 3-1　基础类别标记符

标记符	描述	备注
<!doctype>	定义文档类型	
<html>	定义 HTML 文档	
<title>	定义文档的标题	
<body>	定义文档的正文	
<h1>～<h6>	定义 HTML 标题	
<p>	定义段落	
 	定义简单的换行	
<hr>	定义水平线	
<!--...-->	定义注释	

表 3-2　格式类别标记符

标记符	描述	备注
<acronym>	定义只取首字母的缩写	*
<abbr>	定义缩写	
<address>	定义文档作者或拥有者的联系信息	
<b>	定义粗体文本	
<bdi>	定义文本的文本方向，使其脱离其周围文本的方向设置	5
<bdo>	定义文字方向	
<big>	定义大号文本	*
<blockquote>	定义长的引用	
<center>	不赞成使用。定义居中文本	*
<cite>	定义引用	
<code>	定义计算机代码文本	
<del>	定义被删除文本	
<dfn>	定义特殊术语或短语	
<em>	定义强调文本	
<font>	不赞成使用。定义文本的字体、尺寸和颜色	*
<i>	定义斜体文本	
<ins>	定义被插入文本	
<kbd>	定义键盘文本	
<mark>	定义有记号的文本	5
<meter>	定义预定义范围内的度量	5
<pre>	定义预格式文本	

标记符	描述	备注
`<progress>`	定义任何类型的任务的进度	5
`<q>`	定义短的引用	
`<rp>`	定义若浏览器不支持 ruby 元素时显示的内容	5
`<rt>`	定义 ruby 注释的解释	5
`<ruby>`	定义 ruby 注释	5
`<s>`	不赞成使用。定义加删除线的文本	
`<samp>`	定义计算机代码样本	
`<small>`	定义小号文本	
`<strike>`	`<s>`标签是`<strike>`标记符的缩写版本，定义加删除线文本*	
`<strong>`	定义语气更为强烈的强调文本	
`<sup>`	定义上标文本	
`<sub>`	定义下标文本	
`<time>`	定义日期/时间	5
`<tt>`	定义打字机文本	
`<u>`	不赞成使用。定义下划线文本	
`<var>`	定义文本的变量部分	
`<wbr>`	定义可能的换行符	5

表 3-3 表单类别标记符

标记符	描述	备注
`<form>`	定义供用户输入的 HTML 表单	
`<input>`	定义输入控件	
`<textarea>`	定义多行的文本输入控件	
`<button>`	定义按钮	
`<select>`	定义选择列表（下拉列表）	
`<optgroup>`	定义选择列表中相关选项的组合	
`<option>`	定义选择列表中的选项	
`<label>`	定义 input 元素的标注	
`<fieldset>`	定义围绕表单中元素的边框	
`<legend>`	定义 fieldset 元素的标题	
`<isindex>`	不赞成使用。定义与文档相关的可搜索索引	
`<datalist>`	定义下拉列表	5
`<keygen>`	定义生成密钥	5
`<output>`	定义输出的一些类型	5

表 3-4 框架类别标记符

标记符	描述	备注
`<frame>`	定义框架集的窗口或框架	*
`<frameset>`	定义框架集	*
`<noframes>`	定义针对不支持框架的用户的替代内容	*
`<iframe>`	定义内联框架	

表 3-5　图像类别标记符

标记符	描述	备注
<img>	定义图像	
<map>	定义图像映射	
<area>	定义图像地图内部的区域	
<canvas>	定义图形	5
<figcaption>	定义 figure 元素的标题	5
<figure>	定义媒介内容的分组，以及它们的标题	5

表 3-6　音频/视频类别标记符

标记符	描述	备注
<audio>	定义声音内容	5
<source>	定义媒介源	5
<track>	定义用在媒体播放器中的文本轨道	5
<video>	定义视频	5

表 3-7　链接类别标记符

标记符	描述	备注
<a>	定义锚	
<link>	定义文档与外部资源的关系	
<nav>	定义导航链接	5

表 3-8　列表类别标记符

标记符	描述	备注
<ul>	定义无序列表	
<ol>	定义有序列表	
<li>	定义列表的项目	
<dir>	不赞成使用。定义目录列表	*
<dl>	定义定义列表	
<dt>	定义定义列表中的项目	
<dd>	定义定义列表中项目的描述	
<menu>	定义命令的菜单/列表	
<menuitem>	定义用户可以从弹出式菜单调用的命令/菜单项	
<command>	定义命令按钮	5

表 3-9　表格类别标记符

标记符	描述	备注
<table>	定义表格	
<caption>	定义表格标题	
<th>	定义表格中的表头单元格	
<tr>	定义表格中的行	
<td>	定义表格中的单元	

标记符	描述	备注
\<thead>	定义表格中的表头内容	
\<tbody>	定义表格中的主体内容	
\<tfoot>	定义表格中的标注内容(脚注)	
\<col>	定义表格中一个或多个列的属性值	
\<colgroup>	定义表格中供格式化的列组	

表 3-10　样式/节类别标记符

标记符	描述	备注
\<style>	定义文档的样式信息	
\<div>	定义文档中的节	
\<span>	定义文档中的节	
\<header>	定义 section 或 page 的页眉	5
\<footer>	定义 section 或 page 的页脚	5
\<section>	定义 section	5
\<article>	定义文章	5
\<aside>	定义页面内容之外的内容	5
\<details>	定义元素的细节	5
\<dialog>	定义对话框或窗口	5
\<summary>	为\<details>元素定义可见的标题	5

表 3-11　元信息类别标记符

标记符	描述	备注
\<head>	定义关于文档的信息	
\<meta>	定义关于 HTML 文档的元信息	
\<base>	定义页面中所有链接的默认地址或默认目标	
\<basefont>	不赞成使用。定义页面中文本的默认字体、颜色或尺寸	*

表 3-12　编程类别标记符

标记符	描述	备注
\<script>	定义客户端脚本	
\<noscript>	定义针对不支持客户端脚本的用户的替代内容	
\<applet>	不赞成使用。定义嵌入的 applet	*
\<embed>	为外部应用程序(非 HTML)定义容器	5
\<object>	定义嵌入的对象	
\<param>	定义对象的参数	

3.3　HTML 属性

　　HTML 属性赋予元素意义和语境。属性提供了对 HTML 元素的描述和控制信息,借助于元素属性,HTML 网页才会展现丰富多彩且格式美观的内容。浏览器会按照设定的效果来显示内容。

例如，要设置<p>元素中文字内容的颜色为红色，字号为 30 像素，这时就需要用到 HTML 元素属性。

```
<p style="color:#ff0000;font-size:30px">
```

类似 style="color:#ff0000;font-size:30px" 这样的内容就是 HTML 元素的属性，HTML 元素的属性放置在元素的起始标签内，属性分为属性名称和属性值，上面案例中 style 为属性名称，属性值为 color:#ff0000;font-size:30px。

HTML 元素设置属性的语法为：<element [{name="value"}] >。其中 element 为元素的名称，属性内容放置在"[{}]"表示属性可选且允许有多个属性；name 是属性的名称；value 是属性的值。

例如，要给网页设置背景色，可以在<body>元素中添加属性 bgcolor="yellow"。

3.3.1　HTML 标准属性

表 3-13 中的标准属性可用于任何 HTML 元素。5 表示该属性是 HTML5 中添加的属性。

表 3-13　HTML 标准属性

属性	描述	备注
accesskey	规定激活元素的快捷键	
class	规定元素的一个或多个类名(引用样式表中的类)	
contenteditable	规定元素内容是否可编辑	5
contextmenu	规定元素的上下文菜单，当用户右击元素时将显示上下文菜单	5
data-*	用于存储页面或应用程序的私有定制数据	5
dir	规定元素中内容的文本方向	
draggable	规定元素是否可拖动	5
dropzone	规定在拖动数据时是否进行复制、移动或链接	5
hidden	规定元素仍未或不再相关	5
id	规定元素的唯一 id	
lang	规定元素内容的语言	
spellcheck	规定是否对元素进行拼写和语法检查	5
style	规定元素的行内 CSS 样式	
tabindex	规定元素的 Tab 键控制次序	
title	规定有关元素的额外信息	
translate	规定是否应该翻译元素内容	5

3.3.2　HTML 事件属性

HTML 元素可拥有事件(Event)属性，可以把它们插入 HTML 标签来定义事件行为。这些属性在浏览器中触发行为，如当用户单击一个 HTML 元素时启动一段 JavaScript 脚本。

浏览器中都内置大量的事件处理器。这些处理器会监视特定的条件或用户行为，如单击或浏览器窗口中完成加载某个图像。通过使用客户端的 JavaScript，可以将某些特定的事件处理器作为属性添加给特定的标签，并可以在事件发生时执行一个或多个 JavaScript 命令或函数。

事件处理器的值是一个或一系列以分号隔开的 JavaScript 表达式、方法和函数调用，并用引号引起来。当事件发生时，浏览器会执行这些代码。例如：

```
<a href="/index.html" onmouseover="alert('Welcome');return false"></a>
```

表 3-14～表 3-18 提供了 HTML 标准的事件属性，可以把它们插入 HTML/XHTML 元素中，以定义事件行为(注意：5 表示在 HTML5 中新增的属性)。

表 3-14　窗口事件属性(Window Event Attributes)

属性	值	描述	备注
onafterprintNew	script	在打印文档之后运行脚本	5
onbeforeprintNew	script	在文档打印之前运行脚本	5
onbeforeonloadNew	script	在文档加载之前运行脚本	5
onblur	script	当窗口失去焦点时运行脚本	
onerrorNew	script	当错误发生时运行脚本	5
onfocus	script	当窗口获得焦点时运行脚本	
onhashchangeNew	script	当文档改变时运行脚本	5
onload	script	当文档加载时运行脚本	
onmessageNew	script	当触发消息时运行脚本	5
onofflineNew	script	当文档离线时运行脚本	5
ononlineNew	script	当文档上线时运行脚本	5
onpagehideNew	script	当窗口隐藏时运行脚本	5
onpageshowNew	script	当窗口可见时运行脚本	5
onpopstateNew	script	当窗口历史记录改变时运行脚本	5
onredoNew	script	当文档执行再执行操作(redo)时运行脚本	5
onresizeNew	script	当调整窗口大小时运行脚本	5
onstorageNew	script	当 Web Storage 区域更新时(存储空间中的数据发生变化时)运行脚本	5
onundoNew	script	当文档执行"撤销"命令时运行脚本	5
onunloadNew	script	当用户离开文档时运行脚本	5

注：由窗口触发该事件（适用于<body>标签）。

表 3-15　表单元素事件属性(Form Element Events Attributes)

属性	值	描述	备注
onblur	script	当元素失去焦点时运行脚本	
onchange	script	当元素改变时运行脚本	
oncontextmenu	script	当触发上下文菜单时运行脚本	5
onfocus	script	当元素获得焦点时运行脚本	
onformchange	script	当表单改变时运行脚本	5
onforminput	script	当表单获得用户输入时运行脚本	5
oninput	script	当元素获得用户输入时运行脚本	5
oninvalid	script	当元素无效时运行脚本	5
onreset	script	当表单重置时运行脚本。HTML5 不支持	
onselect	script	当选取元素时运行脚本	
onsubmit	script	当提交表单时运行脚本	

注：表单元素事件仅在表单元素中有效。

表 3-16　Media 事件属性（Media Events Attributes）

属性	值	描述	备注
onabort	script	在音频、视频终止加载时触发的脚本	
oncanplay	script	当文件就绪可以开始播放时运行的脚本（缓冲已足够开始时）	5
oncanplaythrough	script	当媒介能够无须因缓冲而停止即可播放至结尾时运行的脚本	5
ondurationchange	script	当媒介长度改变时运行的脚本	5
onemptied	script	当媒介资源元素突然为空时（网络错误、加载错误等）运行的脚本	5
onended	script	当媒介已到达结尾时运行的脚本（可发送类似"感谢观看"之类的消息）	5
onerror	script	当在文件加载期间发生错误时运行的脚本	5
onloadeddata	script	当媒介数据已加载时运行的脚本	5
onloadedmetadata	script	当元数据（如分辨率和时长）被加载时运行的脚本	5
onloadstart	script	在文件开始加载且未实际加载任何数据前运行的脚本	5
onpause	script	当媒介被用户或程序暂停时运行的脚本	5
onplay	script	当媒介已就绪可以开始播放时运行的脚本	5
onplaying	script	当媒介已开始播放时运行的脚本	5
onprogress	script	当浏览器正在获取媒介数据时运行的脚本	5
Onratechange	script	每当回放速率改变时运行的脚本（如当用户切换到慢动作或快进模式）	5
onreadystatechange	script	每当就绪状态改变时运行的脚本（就绪状态监测媒介数据的状态）	5
onseeked	script	当 seeking 属性设置为 false（指示定位已结束）时运行的脚本	5
onseeking	script	当 seeking 属性设置为 true（指示定位是活动的）时运行的脚本	5
onstalled	script	在浏览器不论何种原因未能取回媒介数据时运行的脚本	
onsuspend	script	在媒介数据完全加载之前不论何种原因终止取回媒介数据时运行的脚本	5
ontimeupdate	script	当播放位置改变时（如当用户快进到媒介中一个不同的位置时）运行的脚本	5
onvolumechange	script	每当音量改变时（包括将音量设置为静音）运行的脚本	5
onwaiting	script	当媒介已停止播放但打算继续播放时（如当媒介暂停以缓冲更多数据）运行的脚本	

注：Media 事件是由媒介（如视频、图像和音频）触发的事件（适用于所有 HTML 元素，但常见于媒介元素中，如<audio>、<embed>、<img>、<object>以及<video>）。

表 3-17　键盘事件属性（Keyboard Events Attributes）

属性	值	描述	备注
onkeydown	script	当键盘上的键被按下时运行脚本	
onkeypress	script	当键盘上的键被按下后又松开时运行脚本	
onkeyup	script	当键盘上的键被松开时运行脚本	

表 3-18　鼠标事件属性（Mouse Events Attributes）

属性	值	描述	备注
onclick		当单击时运行脚本	
ondblclick	script	当双击时运行脚本	
ondrag5	script	当拖动元素时运行脚本	
ondragend	script	当拖动操作结束时运行脚本	5
ondragenter	script	当元素被拖动至有效的拖放目标时运行脚本	5
ondragleave	script	当元素离开有效拖放目标时运行脚本	5

属性	值	描述	备注
ondragover	script	当元素被拖动至有效拖放目标上方时运行脚本	5
ondragstart	script	当拖动操作开始时运行脚本	5
ondrop	script	当被拖动元素正在被拖放时运行脚本	5
onmousedown	script	当按下鼠标按键(任何一个键)时运行脚本	
onmousemove	script	当鼠标指针移动时运行脚本	
onmouseout	script	当鼠标指针移出元素时运行脚本	
onmouseover	script	当鼠标指针移至元素之上时运行脚本	
onmouseup	script	当松开鼠标按键(任何一个键)时运行脚本	
onmousewheel	script	当转动鼠标滚轮时运行脚本	5
onscroll	script	当滚动元素的滚动条时运行脚本	5

注:通过鼠标触发的事件,类似用户的行为。

【例 3-1】 HTML5 网页实例。

(1)启动 Dreamweaver CC 2019,选择"文件"→"新建"菜单项,或按 Ctrl+N 键,打开"新建文档"对话框(图 3-2)。

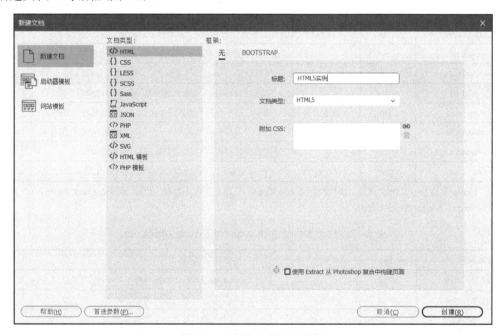

图 3-2 "新建文档"对话框

(2)从"文档类型"列表框中选择</>HTML 选项,"框架"组的"标题"文本框输入"HTML5 实例",从"文档类型"下拉列表框中选择 HTML5 选项。

(3)单击"创建"按钮,即在"代码"视图中自动生成部分 HTML5 代码(图 3-3)。

(4)在"代码"视图中输入以下代码,按 F12 键预览网页(图 3-4)。

```
ntitled-1 ×  Untitled-2* ×
1   <!doctype html>
2 ▼ <html>
3 ▼ <head>
4   <meta charset="utf-8">
5   <title>HTML5实例</title>
6   </head>
7
8   <body>
9   </body>
10  </html>
```

图 3-3 "代码"视图

下列代码将一个网页分成上、中、下三个部分。上部分用于显示导航栏；中部分为左右两部分，左边显示菜单，右边显示正文；下部分显示页脚，如日期、版权信息等。

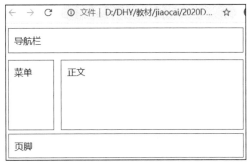

图 3-4　HTML5 网页实例

例 3-1

```
<!doctype html>
<html><head>
<meta charset="utf-8">
<title>HTML5 网页实例</title>
</head>
<style type="text/css">
  #header,#sideLeft,#sideRight,#footer{
    border:1px solid blue;
    padding:10px;
    margin:6px;
      }
  #header{ width: 400px;}
  #sideLeft{
    float: left;
    width: 60px;
    height: 100px;
      }
  #sideRight{
    float: left;
    width: 306px;
    height: 100px;
      }
  #footer{
    clear:both;
    width:400px;
      }
</style>
<body>
<div id="header">导航栏</div>
<div id="sideLeft">菜单</div>
<div id="sideRight">正文</div>
<div id="footer">页脚</div>
</body></html>
```

3.4　<video>标记符

直到现在，仍然不存在一项旨在网页上显示视频的标准。如今，大多数视频是通过插件（如Flash）来显示的。然而，并非所有浏览器都拥有同样的插件。

HTML5 规定了一种通过 video 元素来包含视频的标准方法。

当前，video 元素支持三种视频格式：Ogg、MPEG 4、WebM。

格式为：

```
<video src="movie.ogg" width="320" height="240" controls="controls">
Your browser does not support the video tag.
</video>
```

controls 属性供添加播放、暂停和音量控件。width 和 height 是宽度和高度属性。

<video>与</video>之间插入的内容是供不支持 video 元素的浏览器显示的。

Ogg 文件适用于 Firefox、Opera 以及 Chrome 浏览器。要确保适用于 Safari 浏览器，视频文件必须是 MPEG4 类型。

video 标记符的属性如表 3-19 所示。

表 3-19　video 标记符的属性

属性	值	描述
autoplay	autoplay	如果出现该属性，则视频在就绪后马上播放
controls	controls	如果出现该属性，则向用户显示控件，如 "播放" 按钮
height	pixels	设置视频播放器的高度
loop	loop	如果出现该属性，则当媒介文件完成播放后再次开始播放
preload	preload	如果出现该属性，则视频在页面加载时进行加载，并预备播放。如果使用 autoplay，则忽略该属性
src	url	要播放的视频的 URL
width	pixels	设置视频播放器的宽度

例 3-2

【例 3-2】video 标签实例（图 3-5）。

video 元素允许包含多个 source 元素。source 元素可以链接不同的视频文件。浏览器将使用第一个可识别的格式。

```
<!doctype html>
<html><body>
<video width="320" height="240" controls="controls">
<source src="clapper.ogg" type="video/ogg">
<source src="clapper.mp4" type="video/mp4">
Your browser does not support the video tag.
</video>
</body></html>
```

HTML5 的 video 元素同样拥有方法、属性和事件。其中，方法用于播放、暂停以及加载等；属性（如时长、音量等）可以被读取或设置；DOM 事件能够通知用户，如 video 元素开始播放、已暂停、已停止等。

例 3-3

【例 3-3】为视频创建简单的播放/暂停以及调整尺寸控件（图 3-6）。

该实例演示了如何使用 video 元素，读取并设置属性，以及如何调用方法。

```
<!doctype html><html><body>
<div style="text-align:center;">
<button onclick="playPause()">播放/暂停</button>
<button onclick="makeBig()">大</button>
<button onclick="makeNormal()">中</button>
<button onclick="makeSmall()">小</button><br />
<video id="video1" width="420" style="margin-top:15px;">
```

```
<source src="clapper.mp4" type="video/mp4" />
<source src="clapper.ogg" type="video/ogg" />
Your browser does not support HTML5 video.
</video>
</div>
<script type="text/javascript">
var myVideo=document.getElementById("video1");

function playPause()
{ if (myVideo.paused)
  myVideo.play();
  else myVideo.pause();
}
function makeBig()
{ myVideo.width=560; }

function makeSmall()
{ myVideo.width=320; }

function makeNormal()
{ myVideo.width=420; }
</script></body></html>
```

上例调用了两个方法：play()和pause()。它同时使用了两个属性：paused和width。

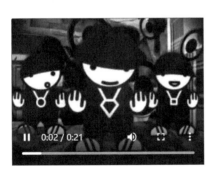

图 3-5　video 标签实例

图 3-6　video 标签的属性、方法与事件

3.5　<audio>标签

直到现在，仍然不存在一项旨在网页上播放音频的标准。如今，大多数音频是通过插件(如Flash)来播放的。然而，并非所有浏览器都拥有同样的插件。

HTML5 规定了一种通过 audio 元素来包含音频的标准方法。audio 元素能够播放声音文件或者音频流。当前，audio 元素支持三种音频格式：Ogg Vorbis、MP3、WAV。

格式为：

```
<audio src="song.ogg" controls="controls">
```

```
Your browser does not support the audio tag.
</audio>
```

control 属性供添加播放、暂停和音量控件。<audio>与</audio>之间插入的内容是供不支持 audio 元素的浏览器显示的。

<audio>标记符的属性如表 3-20 所示。

表 3-20   audio 标记符属性

属性	值	描述
autoplay	autoplay	如果出现该属性，则音频在就绪后马上播放
controls	controls	如果出现该属性，则向用户显示控件，如"播放"按钮
loop	loop	如果出现该属性，则每当音频结束时重新开始播放
preload	preload	如果出现该属性，则音频在页面加载时进行加载，并预备播放。如果使用 autoplay，则忽略该属性
src	url	要播放的音频的 URL

例 3-4

【例 3-4】audio 标签实例（图 3-7）。

audio 元素允许包含多个 source 元素。source 元素可以链接不同的音频文件。浏览器将使用第一个可识别的格式。

图 3-7   audio 标签实例

```
<audio controls="controls">
<source src="song.ogg" type="audio/ogg">
<source src="song.mp3" type="audio/mpeg">
Your browser does not support the audio tag.
</audio>
```

3.6   HTML5 拖放

拖放是一种常见的特性，即抓取对象以后将其拖到另一个位置。在 HTML5 中，拖放（drag（）和 drop（）函数）是 HTML5 标准的一部分，任何元素都能够拖放。

例 3-5

【例 3-5】HTML5 图像拖放实例（图 3-8）。

```
<!doctype html>
<html><head>
<style type="text/css">
#div1{width:210px; height:110px; padding:10px; border:1px solid #aaaaaa;}
</style>
<script type="text/javascript">
function allowDrop(ev)
{ ev.preventDefault();
}
function drag(ev)
{ev.dataTransfer.setData("Text",ev.target.id);
}
function drop(ev)
{ ev.preventDefault();
    var data=ev.dataTransfer.getData("Text");
```

```
        ev.target.appendChild(document.getElementById(data));
    }
</script></head>
<body>
<p>please drag the picture into rectangle</p>
<div id="div1" ondrop="drop(event)" ondragover="allowDrop(event)"></div>
<br />
<img id="drag1" src="21.gif" draggable="true" ondragstart="drag(event)" />
</body></html>
```

(a) 拖动前

(b) 拖动后

图 3-8　图像拖放实例

说明：

（1）设置元素为可拖动。为了使元素可拖动，把 draggable 属性设置为 true：<img draggable="true" />。

（2）拖动什么——ondragstart 和 setData()。规定当元素被拖动时，会发生什么。该例中，ondragstart 属性调用了一个函数 drag(ev)，它规定了被拖动的数据。

```
function drag(ev)
{ ev.dataTransfer.setData("Text",ev.target.id);
}
```

用 dataTransfer.setData() 方法设置被拖数据的数据类型和值，此处数据类型是 Text，值是可拖动元素的 id（drag1）。

（3）放到何处——ondragover。ondragover 事件规定在何处放置被拖动的数据。

默认地，无法将数据/元素放置到其他元素中。如果需要设置允许放置，必须阻止默认行为。这要通过调用 ondragover 事件的 event.preventDefault() 方法：

```
event.preventDefault()
```

（4）进行放置——ondrop。当放置被拖数据时，会发生 drop 事件。该例中，ondrop 属性调用了一个函数 drop(ev)：

```
function drop(ev)
{    ev.preventDefault();
     var data=ev.dataTransfer.getData("Text");
     ev.target.appendChild(document.getElementById(data));
}
```

3.7 canvas 元素

canvas 元素用于在网页上绘制图形。画布(Canvas)是一个矩形区域，可以控制其每一像素。canvas 拥有多种绘制路径、矩形、圆形、字符以及添加图像的方法。

1. 创建一个画布

一个画布在网页中是一个矩形框，通过 canvas 元素来绘制。

创建 canvas 元素格式为：

```
<canvas id="myCanvas" width="200" height="100"></canvas>
```

注意：

(1)默认情况下 canvas 元素没有边框和内容。

(2)标记符通常需要指定一个 id 属性（脚本中经常引用），width 和 height 属性定义画布的大小。

(3)使用 style 属性来添加边框：

```
<canvas id="myCanvas" width="200" height="100" style="border:1px solid
#000000;">
</canvas>
```

2. 使用 JavaScript 来绘制图像

canvas 元素本身是没有绘图能力的。所有的绘制工作必须在 JavaScript 内部完成：

```
<script type="text/javascript">
var c=document.getElementById("myCanvas");
var cxt=c.getContext("2d");
cxt.fillStyle="#FF0000";
cxt.fillRect(0,0,150,75);
</script>
```

首先，JavaScript 使用 id 来找到 canvas 元素：

```
var c=document.getElementById("myCanvas");
```

然后，创建 context 对象：

```
var cxt=c.getContext("2d");
```

getContext("2d")对象是内建的 HTML5 对象，拥有多种绘制路径、矩形、圆形、字符以及添加图像的方法。

下面的两行代码绘制一个红色的矩形：

```
cxt.fillStyle="#FF0000";
cxt.fillRect(0,0,150,75);
```

fillStyle 属性可以是 CSS 颜色、渐变或图案。fillStyle 默认设置是#000000(黑色)。

fillRect(x,y,width,height)方法定义了形状、位置和尺寸。

3. Canvas 坐标

canvas 是一个二维网格，左上角坐标为(0,0)。

fillRect (0,0,150,75)表示：从左上角(0,0)开始，在画布上绘制 150 像素×75 像素的矩形。

如图 3-9 所示，画布的 x 和 y 坐标用于在画布上对绘画进行定位。鼠标指针移动至矩形框内，会显示定位坐标。

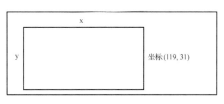

图 3-9 Canvas 坐标

4. Canvas 路径

在 Canvas 上画线，有以下两种方法：

（1）moveTo(x,y)定义线条开始坐标。

（2）lineTo(x,y)定义线条结束坐标。

定义开始坐标(0,0)和结束坐标(200,100)，使用 stroke()方法来绘制线条(图 3-10)。

```
var c=document.getElementById("myCanvas");
var ctx=c.getContext("2d");
ctx.moveTo(0,0);
ctx.lineTo(200,100);
ctx.stroke();
```

使用方法 arc(x,y,r,start,stop)在 Canvas 中绘制圆形(图 3-11)。

```
var c=document.getElementById("myCanvas");
var ctx=c.getContext("2d");
ctx.beginPath();
ctx.arc(95,50,40,0,2*Math.PI);
ctx.stroke();
```

图 3-10 Canvas 路径　　　图 3-11 canvas 绘制圆形

5. Canvas 文本

使用 Canvas 绘制文本，重要的属性和方法如下。

（1）font：定义字体。

（2）fillText(text,x,y)：在 Canvas 上绘制实心的文本。

（3）strokeText(text,x,y)：在 Canvas 上绘制空心的文本。

例如，用 Arial 字体在画布上绘制一个高 30px 的文本(实心，图 3-12)：

```
var c=document.getElementById("myCanvas");
var ctx=c.getContext("2d");
ctx.font="30px Arial";
ctx.fillText("Hello World",10,50);
```

又如，用 Arial 字体在画布上绘制一个高 30px 的文本(空心，图 3-13)：

```
var c=document.getElementById("myCanvas");
var ctx=c.getContext("2d");
ctx.font="30px Arial";
ctx.strokeText("Hello World",10,50);
```

图 3-12　Canvas 绘制实心文本 　　　　　图 3-13　Canvas 绘制空心文本

6. Canvas 渐变

渐变可以填充在矩形、圆形、线条、文本等，各种形状可以定义不同的颜色。

有两种不同的方式来设置 Canvas 渐变。

(1) createLinearGradient(x,y,x1,y1)：创建线性渐变。

(2) createRadialGradient(x,y,r,x1,y1,r1)：创建一个径向/圆渐变。

使用渐变对象，必须使用两种或两种以上的停止颜色。设置 fillStyle 或 strokeStyle 的值为渐变，然后绘制形状，如矩形、文本或一条线。

addColorStop() 方法指定停止颜色，参数使用坐标来描述，可以是 0~1。

线性渐变填充矩形，如图 3-14(a) 所示。

```
var c=document.getElementById("myCanvas");
var ctx=c.getContext("2d");               //创建渐变
var grd=ctx.createLinearGradient(0,0,200,0);
grd.addColorStop(0,"red");
grd.addColorStop(1,"white");              //填充渐变
ctx.fillStyle=grd;
ctx.fillRect(10,10,150,80);
```

径向/圆渐变填充矩形，如图 3-14(b) 所示。

```
var c=document.getElementById("myCanvas");
var ctx=c.getContext("2d");               //创建渐变
var grd=ctx.createRadialGradient(75,50,5,90,60,100);
grd.addColorStop(0,"red");
grd.addColorStop(1,"white");              //填充渐变
ctx.fillStyle=grd;
ctx.fillRect(10,10,150,80);
```

(a) 线性渐变填充　　　　　　　　　　(b) 径向/圆渐变填充

图 3-14　设置 Canvas 渐变

7. Canvas 图像

用方法 drawImage(image,x,y) 将一幅图像放置到画布上。

```
var c=document.getElementById("myCanvas");
var ctx=c.getContext("2d");
var img=document.getElementById("scream");
ctx.drawImage(img,10,10);
```

【例 3-6】 将图像放在画布上(图 3-15)。

例 3-6

```
<!doctype html>
<html><head>
<meta charset="utf-8">
<title>图像在画布上</title></head>
<body>
<p>Image to use:</p>
<img id="scream" src="2.jpg" alt="The Scream" width="316" height="222">
<p>Canvas:</p>
<canvas id="myCanvas" width="340" height="240" style="border:1px solid
#d3d3d3;">
您的浏览器不支持 HTML5 canvas 标签。
</canvas>
<script>
var c=document.getElementById("myCanvas");
var ctx=c.getContext("2d");
var img=document.getElementById("scream");
img.onload = function(){
    ctx.drawImage(img,10,10);
}
</script>
</body></html>
```

图 3-15　图像放置在画布上

习　题　3

1. 简述 HTML5 文档的基本结构。

2. 在 Dreamweaver 中使用 HTML5 编写一个简单的网页。

3. 在 HTML 代码中用<video>标记符插入一个视频文件，用<audio>标记符插入一个音频文件。

4. 用 HTML5 实现将一个图像拖放到层 Div 中。

第4章 Dreamweaver CC 2019 概述

4.1 Dreamweaver CC 2019 工作界面

安装 Dw 后，它会自动在 Windows 的菜单中创建程序组。在 Dreamweaver 中，它的工具栏全是浮动工具栏，可以将工具栏缩小，也可以关闭。通过在浮动面板中进行属性设置，这

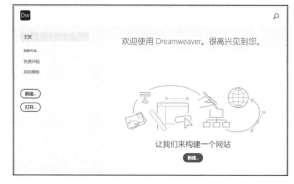

图 4-1 欢迎屏幕

样就直接可以在文档中看到结果，避免了中间过程，提高了工作效率。

每次运行 Dreamweaver CC 2019，首先打开欢迎屏幕(图 4-1)，欢迎屏幕将常用的任务都集中在一个页面中，包括"起始模板"标签、"新建"按钮、"打开"按钮等。如果要隐藏欢迎屏幕，可以选择"编辑"→"首选参数"菜单项，打开"首选项"对话框(图 4-2)，在"常规"类别中设置文档选项为显示开始屏幕即可。

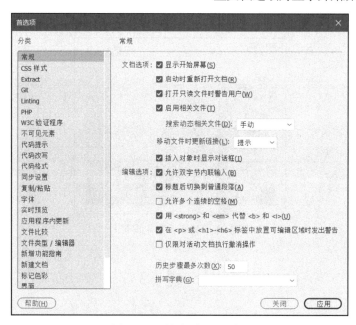

图 4-2 "首选项"对话框

Dreamweaver CC 2019 标准工作界面大致可以分为以下几个区域，分别是：菜单栏、"文档"工具栏、"插入"工具栏、"标准"工具栏、"文档"窗口、"属性"面板、状态栏、面板。Dreamweaver CC 2019 主窗口如图 4-3 所示。

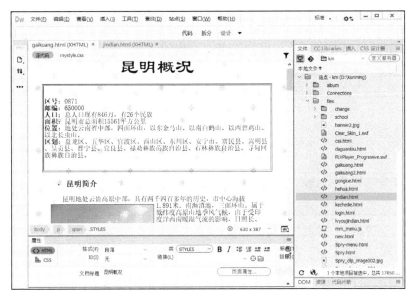

图 4-3　主窗口

1．菜单栏

Dreamweaver 菜单栏共有 9 个菜单(图 4-4)。

图 4-4　Dreamweaver 菜单栏

(1)"文件"菜单：用来管理文件，如新建、打开、关闭、保存、另存为、保存全部、导入、导出、打印代码等。

(2)"编辑"菜单：用来编辑文本，如剪切、复制、粘贴、全选、表格的编辑和参数设置等。

(3)"查看"菜单：用来切换视图模式，如"拆分"视图和"代码"视图，以及显示或隐藏标尺、网格线等辅助视图功能。

(4)"插入"菜单：提供"插入"工具栏的替代项，用来在文档中插入各种元素，如图片、多媒体组件、表格、框架及超链接等。

(5)"工具"菜单：检查拼写、管理字体、附加样式表，并且为库和模板执行不同的操作等。

(6)"查找"菜单：在当前文档中查找、在文件中查找与替换、在当前文档中替换等。

(7)"站点"菜单：用来创建和管理站点。执行其下的"新建站点"命令可以新建站点；执行"管理站点"命令可以管理已经存在的站点。

(8)"窗口"菜单：提供对 Dreamweaver 中的所有面板、检查器和窗口的访问，用来显示和隐藏各种面板以及切换"文档"窗口。

(9)"帮助"菜单：包括关于使用 Dreamweaver 以及创建 Dreamweaver 扩展功能的帮助系统，还包括各种语言的参考材料。

2．"文档"工具栏

"文档"工具栏提供四种视图按钮："代码"视图按钮、"拆分"视图按钮、"设计"视图按钮、"实时视图"视图按钮(图 4-5)。

3．"插入"工具栏

"插入"工具栏集成了所有可以在网页中应用的对象，包括了"插入"菜单中的选项（图 4-6）。"插入"面板其实就是图像化了的插入指令，通过一个个的按钮，可以方便地插入图像、表格、声音、日期、水平线、表单、Flash 动画、Flash 视频等网页元素。

图 4-5 "文档"工具栏

图 4-6 "插入"工具栏

4．"标准"工具栏

"标准"工具栏（图 4-7）包含来自"文件"和"编辑"菜单中选项的一般操作的按钮："新建"按钮、"打开"按钮、"保存"按钮、"全部保存"按钮、"打印代码"按钮、"剪切"按钮、"复制"按钮、"粘贴"按钮、"还原"按钮和"重做"按钮。执行"窗口"→"工具栏"→"标准"命令可以显示或隐藏"标准"工具栏。

图 4-7 "标准"工具栏

5．"文档"窗口

"文档"窗口显示当前文档，是 Dreamweaver 进行可视化编辑网页的主要区域，可以显示当前文档的所有操作效果，如插入文本、图像、动画或者编辑网页代码。

可以选择下列任一视图：

（1）"代码"视图是一个用于编写和编辑 HTML、JavaScript、服务器语言代码以及任何其他类型代码的手工编码环境。

（2）"拆分"视图可以在单个窗口中同时看到同一文档的"代码"视图和"设计"视图。

（3）"设计"视图是一个用于可视化页面布局、可视化编辑和快速应用程序开发的设计环境。

（4）"实时视图"视图使网页的内容看上去与默认浏览器中的效果相同，在"实时视图"视图中选择某个元素，将显示快速属性检查器，在其中可以编辑所选元素的属性或设置文本格式（图 4-8）。

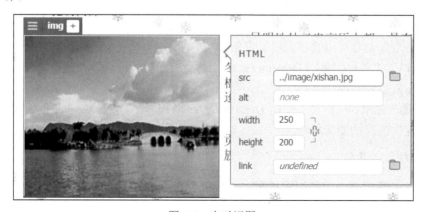

图 4-8 实时视图

6. "属性"面板

"属性"面板又称属性检查器,"属性"面板可以检查和编辑当前选定页面元素(如文本和插入的对象)的最常用属性。属性检查器中的内容根据选定的元素会有所不同。例如,如果选择页面上的一个图像,则属性检查器将改为显示该图像的属性(如图像的文件路径、宽度和高度等);如果选择了表格,那么"属性"面板会相应地显示表格的相关属性。

默认情况下,属性检查器位于工作区的底部,但是如果需要,可以将它停靠在工作区的顶部。如果"属性"面板没有展开,可以选择"窗口"→"属性"菜单项。使用"属性"面板可以很容易地设置页面中的元素最常用的属性,从而提高网页制作的效率。单元格的"属性"面板如图 4-9 所示。

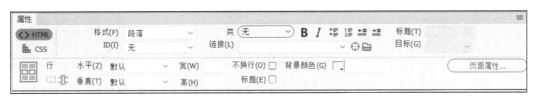

图 4-9　单元格的"属性"面板

7. 状态栏

"文档"窗口底部的状态栏提供了与正在创建的文档有关的其他信息。标签选择器显示环绕当前选择内容的标签的层次结构。单击该层次结构中的任何标签以选择该标签及其全部内容。单击 body 标签可以选择文档的整个正文(图 4-10)。

图 4-10　状态栏

8. 面板

面板分别位于"文档"窗口的下方和右侧。位于"文档"窗口下方的是"属性"面板,位于"文档"窗口右侧的是浮动面板组。

"属性"面板用于显示和设置当前选择的网页元素的属性。当选择不同的网页元素时,"属性"面板的显示内容也会有所不同。双击"属性"面板左上角"属性"文字部分,可以展开或折叠"属性"面板。

除了上面介绍的几个区域和"属性"面板,Dreamweaver 还有很多其他面板,它们对不同对象起作用。在 Dreamweaver 中的其他面板被组织到"文档"窗口右侧,具有浮动的特性。

为了方便用户的编辑工作,Dreamweaver 组合了各种面板供用户使用:"CSS 设计器"面板、"行为"面板、"文件"面板、"插入"面板、"属性"面板、"资源"面板、"代码检查器"面板等。设计者可以根据自己的喜好,将不同的浮动面板重新组合,达到更人性化的界面设计。

浮动面板组中的每个面板都可以展开或折叠,并且可以和其他面板停靠在一起或独立于面板组之外。双击面板左上角文字部分,可以展开或折叠该面板。单击面板右上角按钮 ≡,可以打开相应面板的弹出式菜单。将鼠标指针移到面板组左边界,当鼠标指针变为双箭头形状时,拖动鼠标可以改变面板组的大小。

执行"窗口"→"隐藏面板"命令可以隐藏所有面板，执行"窗口"→"显示面板"命令可以显示所有已打开过的面板，按 F4 键也可以隐藏或显示所有面板。当面板被关闭时，可以通过单击"窗口"菜单中的菜单项，打开相应的面板。浮动面板组如图 4-11 所示。

图 4-11　浮动面板组

4.2　Dreamweaver CC 2019 页面的总体设置

4.2.1　设置页面的相关信息

网页的头部信息在浏览器中是不可见的，但是却携带着网页的重要信息，如关键字、描述文字等，还可以实现一些非常重要的功能，如自动刷新功能。

(1)设置网页标题：网页标题可以是中文、英文或符号，显示在浏览器的标题栏中。直接在"属性"面板的"文档标题"文本框内输入或更改标题，就可以完成网页标题的编辑(图 4-12)。

图 4-12　设置网页的标题

(2)设置网页相关信息：将"插入"工具栏切换到 HTML 选项卡(图 4-13)。

①关键字：用来协助网络上的搜索引擎寻找网页。在 HTML 选项卡中单击 Keywords 按钮，弹出 Keywords 对话框，在"关键字"文本框中输入关键字即可，并以逗号隔开(图 4-14)。

图 4-13　HTML 选项卡　　　　图 4-14　Keywords 对话框

②META：用于记录当前网页的相关信息，如编码、作者、版权等，也可以用来给服务器提供信息。在 HTML 选项卡中单击 META 按钮，弹出 META 对话框，在"属性"下拉列表框中选择"名称"选项，在"值"文本框中输入相应的值，即可以定义相应的信息，如给网页添加描述信息(图 4-15)。

图 4-15　META 对话框

4.2.2　设置页面属性

单击"属性"面板中的"页面属性"按钮，打开"页面属性"对话框。

(1)"外观(CSS)"类别，用 CSS 格式设置页面的一些基本属性。可以定义页面中的页面字体、大小、文本颜色、背景颜色和背景图像等(图 4-16)。

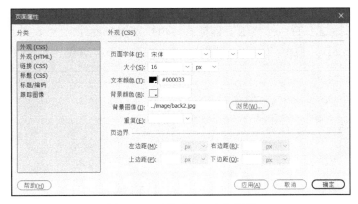

图 4-16　"外观(CSS)"类别

(2)"外观(HTML)"类别，用该类别设置属性会导致页面采用 HTML 格式，而不是 CSS 格式(图 4-17)。

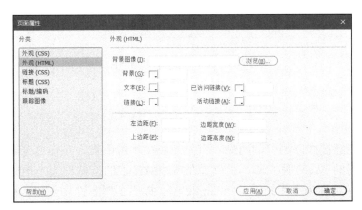

图 4-17　"外观(HTML)"类别

（3）"链接（CSS）"类别，用于一些与页面的链接效果有关的设置（图 4-18）。"链接颜色"按钮定义超链接文本默认状态下的字体颜色，"变换图像链接"按钮定义鼠标指针放在链接上时文本的颜色，"已访问链接"按钮定义访问过的链接的颜色，"活动链接"按钮定义活动链接的颜色。"下划线样式"下拉列表框可以定义链接的下划线样式。

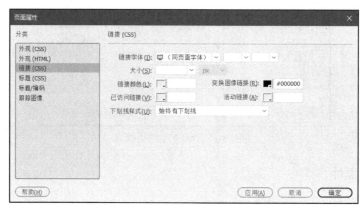

图 4-18　设置链接的属性

（4）"标题（CSS）"类别，用来设置标题字体的一些属性（图 4-19）。在左侧"分类"列表框中选择"标题（CSS）"选项，这里的标题指的并不是页面的标题内容，而是可以应用在具体文章中各级不同标题上的一种标题字体样式。可以定义标题字体及 6 种预定义的标题字体样式，包括粗体（bold）、斜体（italic）、倾斜（oblique）、大小和颜色。

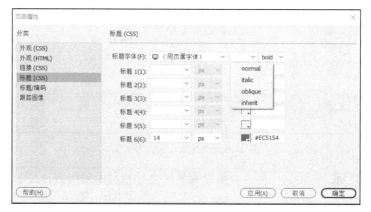

图 4-19　设置标题的属性

4.3　网页实例制作

4.3.1　新建站点

要制作一个能够被大家浏览的网站，首先需要在本地磁盘上制作这个网站，然后把这个网站上传到互联网的 Web 服务器上。放置在本地磁盘上的网站称为本地站点，位于互联网 Web 服务器里的网站称为远程站点。Dreamweaver 提供了对本地站点和远程站点的强大的管理功能。

1. 规划站点结构

网站是多个网页的集合，包括一个首页和若干个分页，这种集合不是简单的集合。为了达到最佳效果，在创建任何 Web 站点页面之前，要对站点的结构进行设计和规划。决定要创建多少页、每页上显示什么内容、页面布局的外观以及各页是如何互相连接起来的。通过把文件分门别类地放置在各自的文件夹里，站点的结构清晰明了，便于管理和查找。

2. 建立站点

在 Dreamweaver 中可以有效地建立并管理多个站点。

(1) 建立站点文件夹。在建立站点前，首先在计算机硬盘上建一个以英文或数字命名的空文件夹，称为网站的根文件夹。例如，E:\mysite 文件夹作为站点文件存放的根文件夹。

image 子文件夹(位于 E:\mysite\image)作为网页图片存放的文件夹。

(2) 建立站点。

① 选择"站点"→"管理站点"菜单项，打开"管理站点"对话框；或者单击"文件"面板顶部的左边下拉列表框中的"管理站点"选项，打开"管理站点"对话框(图 4-20)。

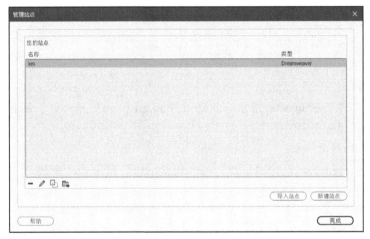

图 4-20　"管理站点"对话框

② 单击"新建站点"按钮，打开"站点设置对象 mysite"对话框，单击"站点"标签，在"站点名称"文本框中输入 mysite，"本地站点文件夹"文本框中，通过"浏览"按钮选择站点根文件夹，即 E:\mysite\(图 4-21)。

图 4-21　设置站点名称及本地站点根文件夹

③ 单击"高级设置"标签中的"本地信息"选项，在"默认图像文件夹"文本框中，通过"浏览"按钮选择 E:\mysite\image 文件夹(图 4-22)。

图 4-22　设置默认图像文件夹

④单击"保存"按钮，结束"站点设置对象 mysite"对话框的设置，返回"管理站点"对话框，出现 mysite 站点(图 4-23)。

图 4-23　站点建立完成

⑤单击"完成"按钮，"文件"面板显示出刚才建立的站点。

4.3.2　网页制作

下面以一个简单的网页实例，讲解网页制作的基本步骤。

【例 4-1】简单网页制作。

例 4-1

(1)素材准备。

新建站点根文件夹 E:\mysite，准备好两幅图片 bg.gif 和 gu35.jpg(位于 E:\mysite\image 中)，分别用于页面背景和网页中的插图。

(2)新建站点和网页。

①启动 Dreamweaver，选择"站点"→"新建站点"菜单项，新建一个站点，站点根文件夹为 E:\mysite。

②选择"文件"→"新建"菜单项，打开"新建文档"对话框(图 4-24)。单击"新建文档"标签，"文档类型"列表框选择</>HTML 选项，"文档类型"下拉列表框选择 HTML5 选项，然后单击"创建"按钮，新建一个空白的网页 Untitled-1.html。

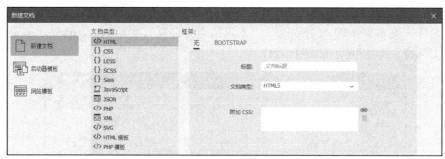

图 4-24　"新建文档"对话框

(3)设置页面属性。

①单击"属性"面板上的"页面属性"按钮，将打开"页面属性"对话框(图 4-16)。

②单击"分类"列表框中的"外观(CSS)"选项，然后单击"背景图像"文本框右边的"浏览"按钮，选择文件夹 E:\mysite\image 中的背景图像 bg.gif。

若图像来自站点根文件夹之外，并且没有设置过默认图像文件夹，此时会出现一个询问对话框(图 4-25)，询问设计者是否将该文件复制到站点根文件夹中。单击"是"按钮，并选择站点下的 image 文件夹，将图像文件存放在该文件夹下。如果站点设置过默认图像文件夹，则不会出现该询问对话框。

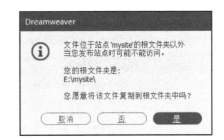

图 4-25　询问对话框

③在"属性"面板的"文档标题"文本框中输入"夜雨寄北"。

④选择"文件"→"保存"菜单项，将该网页重命名为 1-1.html，保存在站点根文件夹下。

注意：插入的图像并不是存储在网页里的，网页中显示的图像来自站点中的图像文件，因此，图像在网页中如果要正常显示，该图像文件必须位于站点文件夹当中。

此外，图像文件名称不能使用中文，最好使用英文字母和数字字符。否则，图像可能出现无法正常显示的情况。

(4)插入网页元素。

①单击"文档"窗口的编辑区的空白处，出现文字输入提示符后，输入第一行文字"唐诗欣赏--夜雨寄北"。

②选择"插入"→HTML→"水平线"菜单项，为网页添加水平线。

③换行输入诗词的标题、作者和正文。

提示：Dreamweaver 中的回车键相当于分段，行间空隙较大，若要换行不分段，则按 Shift+Enter 键，这样行间空隙比较小。标题、作者和诗词都只换行但不分段。

④选择"插入"→Image 菜单项，打开"选择图像源文件"对话框，选择 E:\mysite\image\gu35.jpg 图像文件，单击"确定"按钮。若图片来自站点根文件夹之外，同样会出现询问对话框，单击"是"按钮，将图片文件保存到站点的 image 文件夹下。如果站点设置过默认图像文件夹，则不会出现该询问对话框。

(5)编辑网页元素。

网页元素的外观通常可以利用"属性"面板来设置，如果"属性"面板隐藏，可通过选择"窗口"→"属性"菜单项打开该面板。单击"属性"面板右下角的下拉按钮 ▲，可收缩"属性"面板。

①设置文字的格式。

选择网页中要设置格式的文字，从"属性"面板|CSS"属性"面板的"目标规则"下拉列表框中选择"新内联样式"选项，再对文字进行字体格式设置。例如：

a."唐诗欣赏"设置为隶书、24 像素、黑色(图 4-26)；

b."夜雨寄北"设置为方正舒体、24 像素、红色；

c. 诗词标题"《夜雨寄北》"设置为宋体、36 像素、绿色、居中对齐；

d. 作者"李商隐"设置为宋体、16 像

图 4-26　设置文字格式

素、蓝色、居中对齐；

  e. 诗词正文设置为华文行楷、36 像素、黑色、居中对齐。

  切换到"代码"视图：

```
<body>
<span style="font-family: '隶书'; font-size: 24px; color: #000000;">唐诗
欣赏 </span>——<span style="font-family: '方正舒体'; font-size: 24px; color:
#FF0000;">夜雨寄北</span>
<hr />
<h2 align="center" style="font-size: 36px; color: #0F9F0F;">《夜雨寄北》</h2>
<h2 align="center"><span style="font-size: 16px; color: #0000FF;">李商隐
</span><br />
<span style="font-family: '华文行楷'; font-size: 36px; color: #000000;">
君问归期未有期，巴山夜雨涨秋池。<br />
何当共剪西窗烛，却话巴山夜雨时。</span></h2>
<p align="center" style="text-align: center">
<img src="image/gu35.jpg" width="300" height="202" />
</p>
<p> </p>
</body>
```

  说明：在<span style="font-family: '隶书'; font-size: 24px; color: #000000;">中，style= "font-family: '隶书'; font-size: 24px; color: #000000;" 称为<span>的内联样式。

  ②设置图片居中对齐。

  将光标放在图片所在的段落，设置 CSS "属性"面板，从"目标规则"下拉列表框选择 "新内联样式"选项，再单击"属性"面板上的"居中对齐"按钮，则将图片设置为居中对齐(图 4 -26)。

  提示：可根据个人喜好设置字体，Dreamweaver 默认的中文字体是宋体，如果要使用其他字体，例如，要将文字设置为隶书，要从"属性"面板的"字体"下拉列表框中选择"管理字体"选项，打开"管理字体"对话框(图 4-27)。选择"自定义字体堆栈"标签，从"可用字体"列表框中选择所需字体，如隶书，单击"<<"按钮，将"隶书"选项同时添加到左边的"选择的字体"列表框和上方的"字体列表"列表框中，然后单击"完成"按钮。此时选择文字，从"属性"面板的"字体"下拉列表框中选择刚才添加进去的"隶书"选项即可。

  (6) 保存和预览网页。

  选择"文件"→"保存"菜单项，将该网页保存在站点根文件夹 E:\mysite 中，文件重命名为 1-1.html。按 F12 键预览网页。

  小结：制作网页的基本步骤如下。

  (1)建立站点，包括建立站点文件夹和在 Dreamweaver 中建立站点。

  (2)新建网页。新建网页前要先准备好网页中要用到的各种素材，如图像、动画、音乐文件等，然后新建一个空白的网页。

  (3)插入网页元素。将前面准备好的各种素材加入网页中。网页元素如果来自外部文件，这些文件要复制进站点文件夹内。

  (4)编辑网页元素。通过"属性"面板编辑网页中各元素，并通过"页面属性"对话框设置网页背景图、页面字体、文本颜色、大小等整个网页的外观。

(5) 保存和预览网页。制作好的网页应该保存在站点文件夹内，按 F12 键预览网页。

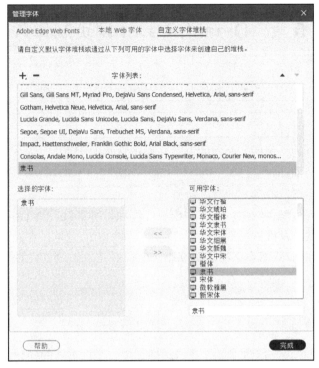

图 4-27   "管理字体"对话框

习　题　4

1. 自选主题，创建一个站点，自行设计站点文件夹结构，如 images 文件夹、flash 文件夹、sound 文件夹、pages 文件夹和首页 index.html。

2. 建立一个本地站点，并制作第一个网页 index.html，显示自我介绍，并修改网页背景色、文本颜色、网页标题等，可根据个人喜好自行制作。

3. 练习网页的文本编辑方法，在站点中新建网页，根据爱好选择合适的文字及图片，按以下要求设置文本样式。

(1) 设置网页背景图像。

(2) 标题格式：标题 1。字体：隶书。颜色：自行设计。

(3) 正文字体：楷体 GB_2312。字体大小：16 像素。颜色：自行设计。

(4) 插入插图，并适当调整图文排版。

第5章 Dreamweaver 网页制作入门

5.1 网站设计的前期工作

网站设计的一般流程如下：

(1)明确建站的目的、规模、面向的群体、服务器端的配置等。

(2)规划站点的结构(即栏目)。

(3)收集和制作素材。

(4)确定版面布局，制作网页，可以用模板、库项目等工具提高工作效率。

(5)站点测试、发布及维护更新。

其中，规划站点和收集网页素材是建立站点之前必需且十分重要的准备工作。

5.1.1 规划站点

1. 规划站点结构

确定站点结构，即确定站点的栏目，是网站规划中一个很重要的问题，从而确定导航栏(水平或垂直导航栏)的内容。

在创建站点之前，应该首先在磁盘上创建一个文件夹，称为站点根文件夹，用于存放站点内的所有资源，如果站点资源比较丰富，可以建立子文件夹存放站点内相应的资源。

例如，创建"昆明之光"网站，其站点结构规划图如图 5-1 所示。

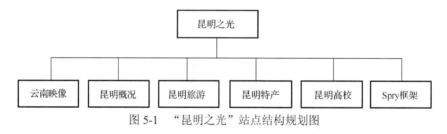

图 5-1 "昆明之光"站点结构规划图

2. 规划网站文件夹

建立网站时，当站点结构规划完成之后，在定义站点之前，要对网站文件夹进行规划，以避免在一个文件夹内塞满几乎所有文件，使整个站点文件混乱不堪，不便于管理和维护。

注意：

(1)将站点内容分门别类，通过建立不同文件夹，将相关页面放在同一文件夹内。

(2)图像、音乐或其他多媒体文件存放在各自的文件夹。

5.1.2 收集网页素材

确定好站点目标和结构之后，接下来要做的就是收集有关网站的网页素材，其中包括以下素材。

(1)文字素材：文字是网站的主题。无论什么类型的网站，都离不开叙述性的文字。离开了文字，即使图片再华丽，浏览者也不知所云，所以要制作一个成功的网站，必须提供足够的文字素材。

(2)图片素材：网站的一个重要要求就是图文并茂。如果单单有文字，浏览者看了不免觉得枯燥无味。文字的解说再加上一些相关的图片，让浏览者能够了解更多的信息，更能加深浏览者的印象。

(3)动画素材：在网页上插入动画可以增添页面的动感效果。

(4)其他素材：如网站上的应用软件，音乐网站上的音乐文件、视频等。

5.2　创建和管理站点

本章设计任务：构建一个主题为"昆明之光"的个人网站，部分网页如图 5-2 所示。

(a)网站首页

(b)导航页面

(c)昆明旅游景点

(d)大观楼公园

图 5-2 "昆明之光"网站

5.2.1 创建站点

完成站点目录结构的规划和网页素材的准备工作以后，就可以用 Dreamweaver 创建站点了，进而实现对站点的管理。

网站建设通常需要大量的时间，一般先在本地计算机上创建和设计站点，当站点设计完善并测试成功后，再利用上传工具将本地站点发布到 Internet 的 Web 服务器上，以便网站能够被其他人访问。

1. 打开"管理站点"对话框

执行下列操作之一，打开"管理站点"对话框(图 5-3)。

(1)选择"站点"→"管理站点"菜单项。

(2)从"文件"面板左边的下拉列表框中选择"管理站点"选项。

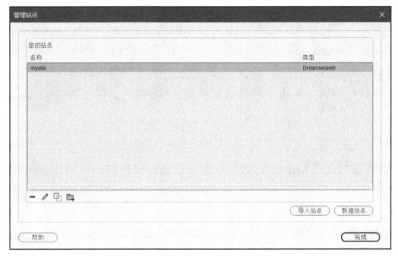

图 5-3　"管理站点"对话框

2. 打开"站点设置对象 km"对话框

在"管理站点"对话框中单击"新建站点"按钮,弹出"站点设置对象 km"对话框。选择左侧的"站点"标签。

(1)在"站点名称"文本框中,输入 km 作为站点名称。

(2)在"本地站点文件夹"文本框中,输入路径 E:\kunming\。也可以单击"浏览"按钮来浏览并选择该文件夹(图 5-4)。

(3)单击"高级设置"标签中的"本地信息"选项,单击"浏览"按钮选择默认图像文件夹为 E:\kunming\image。单击"保存"按钮回到"管理站点"对话框,显示新站点 km。

图 5-4　"站点设置对象 km"对话框

(4)单击"完成"按钮,关闭"管理站点"对话框。

此时"文件"面板显示当前站点的本地根文件夹。"文件"面板中的文件列表将充当文件管理器,允许复制、粘贴、删除、移动和打开文件,就像在计算机桌面上一样。

5.2.2　管理站点

1. 修改站点

创建了本地站点以后,还可以对本地站点进行修改,操作步骤如下:

(1)执行下列操作之一,打开"管理站点"对话框(图5-3)。

①选择"站点"→"管理站点"菜单项。

②从"文件"面板左边的下拉列表框中选择"管理站点"选项。

(2)从"管理站点"对话框中选择一个需要修改的站点。

(3)单击"编辑当前选定的站点"按钮 ,将打开与创建站点相同的"站点设置对象××"对话框(××是站点名称),可以像创建站点的操作一样对本地站点进行修改。

(4)单击"保存"按钮,关闭"站点设置对象"对话框,回到"管理站点"对话框,单击"完成"按钮,关闭"管理站点"对话框。

2. 删除站点

当不再需要利用Dreamweaver对某个本地站点进行操作时,可以删除该站点,站点中的文件不会被删除。

注意:

(1)当从列表中删除站点后,有关该站点的所有设置信息将永久丢失。

(2)删除本地站点实际上只是删除了Dreamweaver和存放本地站点的文件夹之间的关联,并不会真正删除本地计算机中存放本地站点的实际文件夹和文件。

从站点列表中删除站点,操作步骤如下:

(1)选择"站点"→"管理站点"菜单项,打开"管理站点"对话框。

(2)选择一个站点名称。

(3)单击"删除当前选定的站点"按钮 ,出现一个对话框,要求确认删除。

(4)单击"是"按钮从列表中删除站点,或单击"否"按钮保留站点名称。单击"是"按钮,该站点名称将从列表中消失。

(5)单击"完成"按钮,关闭"管理站点"对话框。

3. 复制站点

如果希望创建一个和当前某个站点结构相似的站点,可以利用站点的复制功能,先复制一个结构和当前站点一样的站点,然后通过站点编辑功能对复制的站点进行适当的修改,这样可以极大地提高工作效率。复制站点的操作步骤如下:

(1)打开"管理站点"对话框。

(2)在站点列表中选择需要被复制的站点。

(3)单击"复制当前选定的站点"按钮 ,将在列表中创建一个和选择的站点结构完全一样的新站点。

复制的新站点默认名称为:被复制站点名+复制。可以通过单击"编辑"按钮,来修改站点名称等站点属性。

4. 导入和导出站点

可以将站点导出为包含站点设置的XML文件,并在以后将该站点导入Dreamweaver。这样就可以在各计算机和产品版本之间移动站点,或者与其他用户共享这些设置。

1)导出站点

导出站点操作步骤如下:

（1）选择"站点"→"管理站点"菜单项，打开"管理站点"对话框。

（2）选择要导出的一个或多个站点，然后单击"导出当前选定的站点"按钮 。

若要选择多个站点，按 Ctrl 键并单击每个站点。若要选择某一范围的站点，按 Shift 键并单击该范围中的第一个和最后一个站点。

（3）对于要导出的每个站点，浏览至要保存站点的位置，然后单击"保存"按钮。

Dreamweaver 会在指定位置将每个站点保存为带.ste 文件扩展名的 XML 文件。

（4）单击"完成"按钮，关闭"管理站点"对话框。

2）导入站点

导入站点操作步骤如下：

（1）选择"站点"→"管理站点"菜单项，打开"管理站点"对话框。

（2）单击"导入站点"按钮，出现"导入站点"对话框。

（3）浏览并选择要导入的一个或多个具有.ste 文件扩展名的文件。

若要选择多个站点，按 Ctrl 键并单击每个.ste 文件。若要选择某一范围的站点，按 Shift 键并单击该范围中的第一个和最后一个文件。

（4）单击"打开"按钮，开始导入站点。

Dreamweaver 导入该站点之后，站点名称会出现在"管理站点"对话框中。

（5）单击"完成"按钮，关闭"管理站点"对话框。

5.2.3 管理站点文件及文件夹

在 Dreamweaver 中创建好站点后，对站点中的文件和文件夹的操作，如新建、移动、复制、重命名、删除等，最好都在 Dreamweaver 中进行。Dreamweaver 的"文件"面板提供了站点文件管理功能。

Dreamweaver 的"文件"面板位于 Dreamweaver 编辑区右侧的面板中。如果没有显示出"文件"面板，选择"窗口"→"文件"菜单项，或按 F8 键，可以打开"文件"面板。

"文件"面板顶部的下拉列表框列出了本地计算机的所有文件资源，以及所有已经建立的站点，通过单击列表中的站点名可以改变当前站点，实现站点间的切换。

"文件"面板的站点管理器中列出当前站点所有的文件和文件夹，通过单击文件夹前面的"+"按钮可以展开该文件夹，同时"+"变成"－"，单击"－"按钮则折叠该文件夹。

通过站点管理器不仅可以浏览当前的所有文件，还可以管理站点文件，如创建、移动、复制、重命名和删除文件等。这些管理文件的操作和在 Windows 资源管理器中的操作十分相似。

1. 打开文件

（1）选择"窗口"→"文件"菜单项，打开"文件"面板，从顶部的下拉列表框中选择"站点"、"服务器"或"驱动器"选项。

（2）定位到要打开的文件。

（3）执行下列操作之一：

①双击该文件的图标。

②右击该文件的图标，然后选择"打开"选项。

Dreamweaver 会在"文档"窗口中打开该文件。

2. 新建文件或文件夹

(1)在"文件"面板中，选择一个文件或文件夹。

(2)右击，然后选择"新建文件"或"新建文件夹"选项。

(3)输入新文件或新文件夹的名称。

(4)按 Enter 键。

Dreamweaver将在当前选择的文件夹中(或者在与当前选择的文件所在的同一个文件夹中)新建文件或文件夹。

3. 删除文件或文件夹

(1)在"文件"面板中，选择要删除的文件或文件夹。

(2)右击，然后选择"编辑"→"删除"菜单项，或者直接按 Delete 键。

4. 重命名文件或文件夹

(1)在"文件"面板中，选择要重命名的文件或文件夹。

(2)执行以下操作之一，激活文件或文件夹的名称：

①单击文件名，稍停片刻，再次单击该文件名。

②右击该文件的图标，然后选择"编辑"→"重命名"菜单项。

(3)输入新名称，覆盖现有名称。

(4)按 Enter 键。

5. 移动文件或文件夹

(1)在"文件"面板中，选择要移动的文件或文件夹。

(2)执行下列操作之一：

①按 Ctrl+X 键或者选择"编辑"→"剪切"菜单项，剪切该文件或文件夹，再选择目标文件文件夹，然后按 Ctrl+V 键或者选择"编辑"→"粘贴"菜单项，将其粘贴在新位置。

②直接将该文件或文件夹拖到新位置。

(3)刷新"文件"面板可以看到该文件或文件夹在新位置上。

6. 复制文件或文件夹

(1)在"文件"面板中，选择要复制的文件或文件夹。

(2)执行下列操作之一：

①按 Ctrl+C 键或者选择"编辑"→"复制"菜单项，复制该文件或文件夹，再选择目标文件文件夹，然后按 Ctrl+V 键或者选择"编辑"→"粘贴"菜单项，将其粘贴在新位置。

②按 Ctrl 键，将该文件或文件夹拖到新位置。

(3)刷新"文件"面板可以看到该文件或文件夹在新位置上。

5.3 网页的新建、打开与保存

创建了本地站点后，就可以在站点内创建和编辑网页了，网页的基本操作是建立网站的基础，包括网页的新建、打开、编辑和保存等。

5.3.1 新建网页

在 Dreamweaver CC 2019 中，新建一个网页的操作方法有三种：

(1)在起始页，单击"新建"按钮。

(2)选择"文件"→"新建"菜单项，在打开的"新建文档"对话框(图 5-5)中，单击"新建文档"标签，"文档类型"列表框选择</>HTML 选项，"框架"面板选择"无"标签，"文档类型"下拉列表框选 HTML5 选项，单击"创建"按钮。

图 5-5   "新建文档"对话框

(3)在"文件"面板的站点管理器中，选择用于存放网页的文件夹，右击，在弹出的菜单中单击"新建文件"选项。

5.3.2 打开网页

在 Dreamweaver CC 2019 中，打开一个网页的操作方法有三种：

(1)在起始页，单击"打开"按钮，或从最近打开的文件列表中选择要打开的网页。

(2)选择"文件"→"打开"菜单项，在弹出的"打开"对话框中选择要打开的网页，单击"打开"按钮。

(3)在"文件"面板的站点管理器中双击要打开的网页。

5.3.3 保存网页

要保存一个新建的网页，选择"文件"→"保存"菜单项，在打开的"另存为"对话框中，选择要保存文件的位置，输入文件名后单击"保存"按钮，这个文件就保存在指定位置。在输入文件名时注意不要使用汉字及非法字符，如"＊""？"等。默认的网页扩展名为.htm，设计者可以选择其他类型来保存文件，如.xml、.css、.txt 等。

在 Dreamweaver 中，如果当前编辑的网页中包含没有保存的内容，则在"文档"窗口的标题栏中显示的网页名末尾将带有"＊"。

5.4   文   本

5.4.1 插入文本

要向 Dreamweaver 文档添加文本，可以直接在 Dreamweaver "文档"窗口中输入文本，也可以剪切并粘贴，或者选择"文件"→"导入"→"XML 到模板"菜单项，从 XML 文件导入文本。选择"文件"→"导入"→"表格式数据"菜单项可以导入表格式数据。

5.4.2 设置文本属性

1. 格式

网页的文本分为段落和标题两种格式。在文档编辑窗口中选择一段文本，选择"属性"面板的 HTML 选项，从"格式"下拉列表框中选择"段落"选项，把选择的文本设置成段落格式。

从"格式"下拉列表框中选择"标题 1"～"标题 6"选项，则把选择的文本设置成标题格式。标题 1～标题 6 分别表示各级标题，应用于网页的标题部分。标题 1 字体最大，标题 6 字体最小，同时文字全部加粗。

另外，在"属性"面板中可以定义文字的字号、颜色、加粗、倾斜、水平对齐方式等内容。

2. 设置字体

Dreamweaver 预设的可供选择的字体组合只有英文字体组合，要想使用中文字体，必须重新编辑新的字体组合。单击"属性"面板的 CSS 按钮，从"字体"下拉列表框中选择"管理字体"选项，弹出"管理字体"对话框(图 5-6)。单击"自定义字体堆栈"标签，从"可用字体"列表框中选择所需字体，单击双向向左按钮 ，将该字体添加到"字体列表"和"选择的字体"列表框中，然后单击"完成"按钮。

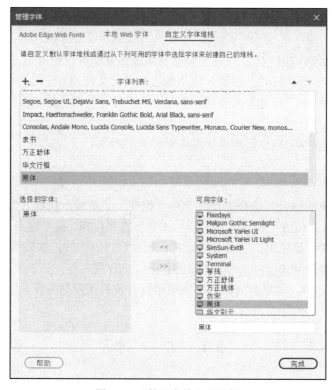

图 5-6 "管理字体"对话框

注意：由于受到客户端计算机的限制，网页中可以选用的字体往往很有限，例如，网页中的文字设置成了方正舒体，当浏览该网页时，若客户端计算机上没有安装"方正舒体"字体安装包，这些文字只能以默认的宋体显示，为避免这种情况的发生，网页中如果一定要用某种特殊的字体，最好将该文字效果制作成图片。

3. 文字的其他设置

在"属性"面板中还包含"粗体"按钮、"斜体"按钮、"左对齐"按钮、"居中对齐"按钮，可以对文字的加粗、倾斜、对齐方式等进行设置。设置方法是：只要选取当前文字，然后单击相关属性按钮，即可看到设置后的效果。

文本换行，按 Enter 键换行的行距较大(在代码区生成<p>与</p>标签)，按 Enter+Shift 键换行的行间距较小(在代码区生成
标签)。

文本空格，在 Dreamweaver 中直接按空格键只能输入一个空格，要输入多个空格，有三种方法：

(1)选择"编辑"→"首选项"菜单项，在弹出的对话框中左侧的分类列表中选择"常规"项，然后在右边选择"允许多个连续的空格"选项，这样就可以直接按空格键给文本添加空格了。

(2)打开一种中文输入法，切换成全角状态，再按空格键可以输入多个空格。

(3)按 Ctrl+Shift+空格键。

4. 特殊字符

要向网页中插入特殊字符，有两种方法：

(1)将"插入"工具栏切换到 HTML 选项卡，单击"字符"按钮 ，向网页中插入相应的特殊符号。若选择"其他字符"选项，则打开"插入其他字符"对话框(图 5-7)。

(2)选择"插入"→HTML→"字符"→"其他字符"菜单项，也可以向网页中插入相应的特殊符号。

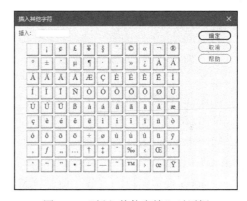

图 5-7 "插入其他字符"对话框

5. 插入列表

列表分为两种，即有序列表和无序列表，无序列表没有顺序，每一项前边都以同样的符号显示，有序列表前边的每一项有序号引导。列表是基于段落的，在文档编辑窗口中选择需要设置的文本，选择"属性"面板的 HTML 选项，单击"无序列表"按钮 ，则选择的文本被设置成无序列表，单击"编号列表"按钮 则被设置成有序列表。

若要形成多级列表，即列表项下面又有子列表项，操作步骤如下：

(1)将光标定位在某列表项上。

(2)单击"属性"面板 HTML 选项上的"内缩区块"按钮 ，则该列表项成为上一级列表项的子列表项。反之，如果要让某个子列表项回到上级列表项中，则单击"属性"面板上的"删除内缩区块"按钮 。

若要修改列表的类型和样式，操作方法如下：

(1)将光标定位于列表项中，注意不要选择列表项，此时"属性"面板的"列表项目"按钮变为可用状态。

(2)单击"属性"面板的"列表项目"按钮，打开"列表属性"对话框。

在"列表属性"对话框中，可对列表类型及样式进行修改，如项目列表(图 5-8(a))的样式可以是默认(空心圆)、项目符号(实心圆)和正方形，编号列表(图 5-8(b))的样式可以是数字(1,2,3,…)或小写罗马字母(i,ii,…)、大写罗马字母(I,II,…)等，并且可以设置起始编号。

 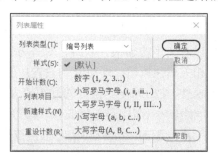

(a)"项目列表"属性　　　　　　　　　　(b)"编号列表"属性

图 5-8　"列表属性"对话框

图 5-9　向上的滚动字幕

6. 滚动字幕

使用<marquee>标记符可以在网页上创建一个水平(或垂直)滚动的文本(或图片)字幕(图 5-9)，格式为

<marquee>滚动的文字或图片</marquee>

<marquee>的参数有：

(1)direction 表示滚动的方向，值可以是 left、right、up、down，默认为 left。

(2)behavior 表示滚动的方式，值可以是 scroll(单向循环滚动)、slide(滑动一次)、alternate(来回滚动)，默认为 scroll。

(3)loop 表示循环的次数，值是正整数，默认为无限循环。

(4)scrollamount 表示运动速度，值是正整数，默认为 6。

(5)scrolldelay 表示停顿时间，值是正整数，默认为 0，单位是毫秒。

(6)valign 表示元素的垂直对齐方式，值可以是 top、middle、bottom，默认为 middle。

(7)align 表示元素的水平对齐方式，值可以是 left、center、right，默认为 left。

(8)bgcolor 表示运动区域的背景色，值是十六进制的 RGB 颜色，默认为白色。

(9)height、width 表示运动区域的高度和宽度，值是正整数(单位是像素)或百分数，默认 width=100%，height 为标签内元素的高度。

(10)hspace、vspace 表示元素到区域边界的水平距离和垂直距离，值是正整数，单位是像素。

(11)onmouseover=this.stop()、onmouseout=this.start()表示当鼠标指针移入区域时滚动停止，当鼠标指针移开时又继续滚动。

5.4.3　插入水平线和日期

1. 水平线

在页面上，可以使用一条或多条水平线以可视方式分隔文本和对象，插入水平线有两种方法：

（1）将"插入"工具栏切换到 HTML 选项卡，单击"水平线"按钮 ，即可向网页中插入水平线。

（2）选择"插入"→HTML→"水平线"菜单项。

选择插入的这条水平线，可以在"属性"面板对它的属性进行设置（图 5-10）。

属性								
水平线	宽(W)		像素 ∨		对齐(A)	默认 ∨	Class	无 ∨
	高(H)					☑ 阴影(S)		

图 5-10 水平线"属性"面板

（1）"宽"和"高"下拉列表框：以像素为单位或以页面尺寸百分比的形式指定水平线的宽度和高度。

（2）"对齐"下拉列表框：指定水平线的对齐方式（默认、左对齐、居中对齐或右对齐）。仅当水平线的宽度小于浏览器窗口的宽度时，该设置才适用。

（3）"阴影"复选框：指定绘制水平线时是否带阴影。取消选择此复选框将使用纯色绘制水平线。

2. 日期

在文档编辑窗口中，插入日期和时间的步骤如下：

（1）将光标定位到要插入日期的位置。

（2）在 HTML 选项卡中，单击"日期"按钮 ，或者选择"插入"→HTML→"日期"菜单项。

（3）在弹出的"插入日期"对话框（图 5-11）中选择相应的星期格式、日期格式和时间格式。

（4）如果希望在每次保存文档时都更新插入的日期，则选择"储存时自动更新"复选框。如果希望日期在插入后变成纯文本并永远不自动更新，则取消选择该复选框。

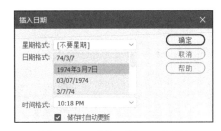

图 5-11 "插入日期"对话框

（5）单击"确定"按钮插入日期。

注意："插入日期"对话框中显示的日期和时间不是当前日期和时间，也不反映访问者在浏览站点当时的日期和时间。它们只是说明此信息的显示方式的示例。

5.4.4 网页文字编辑实例

【**例 5-1**】网页 gaikuang.html 实例制作。

以"昆明之光"网站为例，新建站点，站点名称为 km，站点根文件夹为 D:\kunming，在该站点的 files 文件夹中新建一个"昆明概况"网页 gaikuang.html。

例 5-1

（1）设置页面属性。

①启动 Dreamweaver CC 2019，在"文件"面板的站点列表中单击名为 km 的站点，使其成为当前站点。

②右击 files 文件夹，单击"新建文件"选项，重命名文件名为 gaikuang.html，双击该文件。

③单击"属性"面板的"页面属性"按钮，打开"页面属性"对话框。

④单击"分类"列表框中的"外观(CSS)"选项，页面字体选取宋体，大小选取 16，单位为像素。

⑤单击"文本颜色"按钮，在打开的调色板中选取深蓝色或直接在"颜色"文本框中输入#000033。

⑥单击"背景图像"文本框后面的"浏览"按钮，选取 D:/kunming\image\background.jpg 文件作为背景图像。

(2)输入并编辑文字。

①在网页第一行输入"昆明概况"四个字。

②光标定位在下一段，选择"插入"→"表格"菜单项，插入一个 1 行 1 列的表格，在单元格内输入段落区号、邮编、人口、面积、位置、区划的文字内容，将表格属性边框颜色设为蓝色(图 5-12)。

图 5-12 "昆明概况"效果图

③使用<marquee>滚动内容</marquee>，将该单元格的内容设置为向上滚动的效果。

步骤如下：光标放在滚动文字所在的单元格内，单击"文档"工具栏上的"代码"按钮，切换到"代码"视图。

在 <td> 后 面 输 入 <marquee direction="up" scrolldelay="200" scrollamount="5" onmouseover=this.stop() onmouseout=this.start() bgcolor="#99FFff" hspace="10" vspace="30" align="left" loop="–1">。

在结束标记符</td>前面输入结束标记符</marquee>。此时括在<marquee>与</marquee>之间的段落会向上滚动(图 5-13)。

④将 kunming\materials\昆明概况.doc 文件中的文本内容复制到网页中，每个段落首行加两个空格，即在中文输入法全角状态下按两次空格键。

图 5-13　滚动字幕<marquee>

⑤在最后一段输入文字"返回上页"以后链接到 table.html。

⑥选择"插入"→HTML→"水平线"菜单项，在页面底部插入一条水平线。

⑦在水平线的下一段输入版权信息及邮件地址，居中对齐，按 Shift+Enter 键，即两行之间换行不分段(图 5-14)。其中"©"为特殊字符，使用"插入"→HTML→"字符"→"版权"菜单项来插入。

图 5-14　插入水平线

(3)设置文字格式。

①在标签选择器中单击 body 标签，选择整个页面，在"属性"面板中单击 HTML 按钮，单击"内缩区块"按钮墨，增大网页的左侧页边距，使网页更加美观。

②选择标题文字：昆明概况，在"属性"面板中单击 CSS 按钮，从"目标规则"下拉列表框中选择"内联样式"选项，设置字体为隶书，大小为 46 像素，单击"居中对齐"按钮毫，"文本颜色"文本框中输入 black 或#000000(即黑色)(图 5-15)。

图 5-15　文字属性设置

③将光标定位于小标题"昆明简介"，单击"属性"面板的"无序列表"按钮，创建无序列表。

④单击"属性"面板中的"列表项目"按钮，在打开的"列表属性"对话框中，选择"样式"下拉列表框的"正方形"选项。

⑤选择小标题文字"昆明简介"，从"属性"面板的"格式"下拉列表框中选择"标题 3"选项。

⑥重复步骤(3)、(4)、(5)，将所有小标题"昆明历史"、"昆明经济"、"风景名胜"、"昆明交通"和"民风民俗"设置为无序列表和标题 3。

⑦保存网页，按 F12 键预览网页。

5.5 图 像

图像是网页中不可缺少的元素，在网页中所起到的作用不仅是对文字内容的补充说明，更多的是对网页的美化和点缀。通常，网页中的图形图像主要起到以下三方面的作用。

(1)美化网页。网页版面的设计往往离不开图形图像。图形图像的使用可以使网页增色不少。

(2)对事物做图形化说明。有时用图形图像比用文字更容易直观地表现其内涵。

(3)作为网页动态效果的载体。通过对图像添加提示文字、鼠标指针经过图像或创建热点区域等操作，使图像成为网页动态效果的载体。

5.5.1 常用 Web 图像格式

虽然有很多种计算机图像格式，但由于其受网络带宽和浏览器限制，互联网上常用的图像格式包括三种：GIF、JPEG 和 PNG。其中使用最为广泛的是 GIF 和 JPEG。网页图像的素材有很多来源，如可以使用图形图像处理软件(如 Photoshop、Fireworks 和 FreeHand 等软件)制作，可以购买网页素材光盘，也可以从网络上下载等。

1. GIF 格式

GIF 全称为 Graphics Interchange Format，意为图像交换格式，它是第一个支持网页的图像格式，在 PC 上都能被正确识别。它最多支持 256 种颜色，可以使图像容量变得相当小。GIF 图像可以在网页中以透明方式显示，还可以包含动态信息，即 GIF 动画，在网页中经常用作小图标和动画横幅等。GIF 格式适用于卡通画、素描作品、插图、带有大块纯色区域的图形、透明图形、简单动画等。

2. JPEG 格式

JPEG 全称为 Joint Photographic Experts Group，意为联合图像专家组，JPEG 格式使用有损压缩的算法来压缩图像，它可以高效地压缩图片，丢失人眼不易察觉的部分图像，使图像容量在变小的同时基本不失真。其最大的特点是文件尺寸非常小，随着图像文件的减小，图像的质量也会降低。

JPEG 格式不支持透明色，JPEG 图像通常用来显示颜色丰富的精美图像，应用于连续色调的作品、数字化照片和扫描图像等。

3. PNG 格式

PNG 全称为 Portable Network Graphics，意为便携式网络图像，它是逐渐流行的网络图像格式。PNG 格式既融合了 GIF 能透明显示的特点，又具有 JPEG 处理精美图像的优势，且可以包含图层等信息，常常用于制作网页效果图。

提示：

(1)图像虽然是导致网页下载速度缓慢的主要因素，但是如果能够合理地使用它们，则不但能够帮助浏览者更好地读取信息，而且能够形成独特的站点风格。

(2)在 Web 页中使用图像前，通常需要考虑下列三个问题：①确保文件较小；②控制图像的数量和质量；③合理使用动画。

5.5.2 插入图像

在将图像插入 Dreamweaver 文档时，Dreamweaver 自动在 HTML 源代码中生成对该图像文件的引用。为了确保此引用的正确性，该图像文件必须位于当前站点中。如果图像文件不在当前站点中，Dreamweaver 会询问是否要将此文件复制到当前站点中。

1. 插入图像的方法

在制作网页时，先构想好网页布局，在图像处理软件中将需要插入的图像进行处理，然后存放在站点根目录下的文件夹里。

插入图像的方法有四种。

1）菜单操作

（1）将光标放置在"文档"窗口中需要插入图像的位置，选择"插入"→Image 菜单项。

（2）在弹出的"选择图像源文件"对话框中，选择要插入的图像。

（3）单击"确定"按钮，则该图像插入指定位置。

2）使用"插入"工具栏

（1）在"插入"工具栏中选择 HTML 选项，执行 Image 命令。

（2）在弹出的"选择图像源文件"对话框中，选择要插入的图像。

（3）单击"确定"按钮，则该图像插入指定位置。

3）使用"资源"面板操作

（1）选择"窗口"→"资源"菜单项，打开"资源"面板（图 5-16）。

（2）单击"资源"面板左侧的"图像"按钮，则右边显示站点内所有图像文件列表。

（3）从图像文件列表中选择所需图像文件，拖动到"文档"窗口内。

注意：该方法适用于将站点中已存在的图像文件插入网页中。

4）使用快捷键操作

（1）将光标放置在"文档"窗口中需要插入图像的位置，按下 Ctrl+Alt+I 快捷键。

（2）在弹出的"选择图像源文件"对话框中，选择要插入的图像。

（3）单击"确定"按钮，则该图像插入指定位置。

注意：在插入图片时，如果没有为站点设置默认图像文件夹，并且没有事先将图片保存在站点根目录下，则会弹出如图 5-17 所示的对话框，提醒设计者要把图片复制进站点根文件夹，这时单击"是"按钮，然后选择本地站点的路径将图片保存，图像也可以插入网页中。

图 5-16　"资源"面板

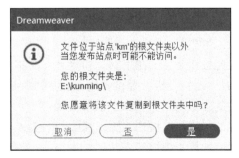

图 5-17　询问对话框

2. 设置图像属性

选择图像后，在"属性"面板中显示出了图像的属性（图 5-18）。

图 5-18　图像"属性"面板

在"属性"面板的左上角，显示当前图像的缩略图，同时显示图像的大小。图像的"属性"面板上各参数含义如下。

（1）ID 文本框：在缩略图右侧有一个文本框，用来对当前图像命名。以便在使用 Dreamweaver 行为（如交换图像）或脚本语言（如 JavaScript 或 VBScript）时可以引用该图像。

（2）"宽"和"高"文本框：以像素为单位指定图像的宽度和高度。在网页中插入图像时，Dreamweaver 自动用图像的原始大小更新这些文本框。当图像的大小改变时，"属性"面板中"宽"和"高"的数值会以粗体显示，并在旁边出现"重置为原始大小"按钮 ◎，单击它可以恢复图像的原始大小（或者单击"宽"和"高"文本框标签也可恢复原始值）。

注意：可以更改这些值来缩放该图像实例的显示大小，但这不会缩短下载时间，因为浏览器在缩放图像前会下载所有图像数据。若要缩短下载时间并确保所有图像实例以相同大小显示，需要使用图像编辑应用程序缩放图像。

如果计算机里安装了 Fireworks 软件，单击"属性"面板的"编辑"栏上的"编辑"按钮 ⟦Fw⟧，即可启动 Fireworks 对图像进行缩放等处理。

（3）Src 文本框：在"属性"面板的 Src 文本框中显示了图像的保存路径，如果要重新插入一幅新图像，选择图像，在"属性"面板中的 Src 文本框中重新输入要插入图像的地址，或单击右侧的"浏览"按钮 ⟐，在打开的"选择图像源文件"对话框中重新选择需要的图像。

（4）"链接"文本框：指定图像的超链接。将"指向文件"图标 ⊕ 拖到"站点"面板中的某个文件，或单击"浏览"按钮 ⟐ 浏览到站点上的某个文档，或手动输入 URL。

（5）"替换"文本框：用来设置图像的替代文本，可以输入一段文字，当图像无法显示时，将显示这段文字。

（6）"地图"文本框和热点工具：允许标注和创建客户端图像地图。

（7）"目标"下拉列表框：指定超链接打开的框架或窗口（当图像没有链接到其他文件时，此选项不可用）。当前框架集中所有框架的名称都显示在"目标"下拉列表中，也可选用保留的目标名。

（8）"重置为原始大小"按钮 ◎：将宽和高的值重设为图像的原始大小。调整所选图像的值时，此按钮 ◎ 显示在"宽"和"高"文本框的右侧。

（9）"编辑"栏：提供一组按钮 编辑 ⟦Fw⟧ ✿ ⟐ 卄 ⟐ ◐ △，用来对图像进行编辑操作，如裁剪图像的"裁剪"按钮 卄、调节图像亮度和对比度的"亮度和对比度"按钮 ◐、调整图像的清晰度的"锐化"按钮 △ 等。其中，单击"编辑"按钮 ⟦Fw⟧ 将启动 Fireworks 进行图像编辑，前提条件是计算机中已经安装了 Fireworks 软件。

5.5.3 插入鼠标经过图像

鼠标经过图像是一种在浏览器中查看并使用鼠标指针移过它时发生变化的图像。

鼠标经过图像实际上由两个图像组成，主图像（当首次载入页时显示的图像）和次图像（当鼠标指针移过主图像时显示的图像）。这两张图像要大小相等，如果不相等，Dreamweaver自动调整次图像的大小跟主图像大小一致，鼠标经过图像自动设置为响应onMouseOver事件。

若要插入鼠标经过图像，操作步骤如下：

(1)在"文档"窗口中，将插入点放置在要显示鼠标经过图像的位置。

(2)使用以下方法之一插入鼠标经过图像：

①将"插入"工具栏切换到HTML选项卡，单击"鼠标经过图像"按钮。

②选择"插入"→HTML→"鼠标经过图像"菜单项。

(3)在打开的"插入鼠标经过图像"对话框中(图5-19)进行相应的设置。

图5-19 "插入鼠标经过图像"对话框

(4)单击"确定"按钮，则在指定位置插入鼠标经过图像。

5.5.4 图像的插入与美化实例

【例5-2】在网页中插入图像实例。

例5-2

在km站点的"昆明概况"网页gaikuang.html中插入4幅图像。第1、3幅图像环绕在左侧，第2、4幅图像环绕在右侧，每个图像的边框粗细为1px，颜色为黑色。

(1)插入图像文件jiaotong.jpg。

①从"文件"面板的下拉列表框中选择站点km，新建files\gaikuang.html文件并双击。

②将光标定位在"昆明简介"小标题的下一段的段首，选择"插入"→Image菜单项，将打开"选择图像源文件"对话框。

③选择materails\jiaotong.jpg，单击"确定"按钮插入该图像。

④选择该图像，在"属性"面板的"替代"文本框中输入"昆明交通"，宽250像素，高200像素。

(2)插入图像文件xishan.jpg。

①将光标定位在"昆明历史"小标题的后面，选择"插入"→"Image"菜单项，将打开"选择图像源文件"对话框。

②选择materails\xishan.jpg，单击"确定"按钮插入该图像。

③选择该图像，在"属性"面板的"替代"文本框中输入"昆明西山"，宽250像素，高200像素。

(3)插入图像文件 shiboyuan.jpg。

①将光标定位在"风景名胜"小标题的下一段的段首,选择"插入"→"Image"菜单项,将打开"选择图像源文件"对话框。

②选择 materails\shiboyuan.jpg,单击"确定"按钮插入该图像。

③选择该图像,在"属性"面板的"替代"文本框中输入"世博园",宽 250 像素,高 200 像素。

(4)插入图像文件 poshuijie.jpg。

①将光标定位在"民风民俗"小标题的后面,选择"插入"→"Image"菜单项,将打开"选择图像源文件"对话框。

图 5-20 设置 margin

②选择 materails\poshuijie.jpg,单击"确定"按钮插入该图像。

③选择该图像,在"属性"面板的"替代"文本框中输入"民风民俗",宽 250 像素,高 200 像素。

(5)创建 CSS 类样式,设置带边框和边距的图片。

①选择"窗口"→"CSS 设计器"菜单项,打开"CSS 设计器"面板,在"选择器"窗格中单击"+"按钮,添加一个选择器,设置其名称为.pic1。

②在"属性"窗格中,取消"显示集"复选框的选中状态,单击"布局"按钮 ,将 margin(边距)设为 10(图 5-20),float 设为 Left。

③单击"边框"按钮 ,单击"所有边"按钮 ,将 width 设为 1px(图 5-21),style 设置为 solid(即实线),单击 color 按钮 ,打开颜色选择器,单击黑色色块,然后在页面空白处单击,将 color 设置为#000000(图 5-22)。

图 5-21 设置 border

图 5-22 设置颜色

④选择网页中的第 1 幅图像,从"属性"面板的"类"下拉列表框中选择 pic1 选项;再选择第 3 幅图像,从"属性"面板的"类"下拉列表框中选择 pic1 选项,则两幅图像环绕在段落文字的左侧,图像边框为黑色,粗细为 1 像素,图像与周围文字有 10 像素的边距(图 5-23)。

图 5-23 应用类样式

⑤同理,重复步骤①～步骤④,新建一个名为.pic2 的选择器,设置 margin 为 10,float

为 Right，所有边的边框粗细为 1 像素，颜色为黑色。

⑥选择页面中第 2 幅图像，从"属性"面板的"类"下拉列表框中选择 pic2 选项，再选择第 4 幅图像，从"属性"面板的"类"下拉列表框中选择 pic2 选项，则两幅图像环绕在段落文字的右侧，图像边框为黑色，粗细为 1 像素，图像与周围文字有 10 像素的边距。

⑦保存网页，按 F12 键预览网页，图像左环绕和图像右环绕如图 5-24 所示。

(a)左环绕

(b)右环绕

图 5-24　图像左环绕与右环绕

用同样的方法，在站点 km 下创建"昆明旅游景点"网页 jindian.html，添加文字及图片。用<marquee>标记符将标题"昆明旅游景点"设置为左右滚动效果(图 5-25)。

代码为：<marquee behavior="scroll" direction="left">昆明旅游景点</marquee>。

图 5-25　网页 jindian.html 效果

5.6 超 链 接

超链接在本质上属于一个网页的一部分，它是一种允许我们同其他网页或站点之间进行连接的元素。各个网页链接在一起后，才能真正构成一个网站。超链接是指从一个网页指向一个目标的连接关系，这个目标可以是另一个网页，也可以是相同网页上的不同位置，还可以是一个图片、一个电子邮件地址、一个文件，甚至是一个应用程序。而在一个网页中用作超链接的对象，可以是一段文本或者一个图片。当浏览者单击已经链接的文字或图片后，链接目标将显示在浏览器上，并且根据目标的类型来打开或运行。

5.6.1 超链接的类型

在一个文档中可以创建几种类型的链接：

(1)外部链接，单击该超链接连接到其他网站上的某一个页面，应当使用绝对路径，如友情链接、网址导航等，如新浪网路径为 http://www.sina.com.cn。

(2)内部链接，链接到同一网站的其他文档或文件(如网页、图像、影片、PDF 或声音文件)。

(3)命名锚记链接，此类链接跳转至文档内的特定位置。

(4)电子邮件链接，此类链接新建一个收件人地址已经填好的空白电子邮件。

(5)空链接和脚本链接，此类链接使用户能够在对象上添加行为，或者创建执行 JavaScript 代码的链接。

注意：创建链接之前，一定要清楚文档相对路径、站点根目录相对路径以及绝对路径的工作方式。

5.6.2 文档位置和路径

了解从作为链接起点的文档到作为链接目标的文档之间的文件路径对于创建链接至关重要。

每个网页都有唯一的地址，称为统一资源定位符。不过，当创建本地链接(即内部链接)时，通常不指定要链接到的文档的完整 URL，而是指定一个始于当前文档或站点根文件夹的相对路径。

有三种类型的链接路径：

(1)绝对路径(如 http://www.macromedia.com/support/dreamweaver/contents.html)。

(2)文档相对路径(如 dreamweaver/contents.html)。

(3)站点根目录相对路径(如/support/dreamweaver/contents.html)。

图 5-26   选择链接路径

设置超链接时，在"选择文件"对话框中，从"相对于"下拉列表框中选择"文档"或"站点根目录"选项(图 5-26)。

注意：

(1)Dreamweaver 使用文档相对路径创建指向站点中其他网页的链接。还可以让 Dreamweaver 使用站点根目录相对路径创建新链接。

(2)应始终先保存新文件，然后创建文档相对路径，因为如果没有一个确切的起点，文档相对路径无效。如果在保存文件之前创建文档相对路径，Dreamweaver 将临时使用以 file:// 开头的绝对路径，直至该文件被保存；当保存文件时，Dreamweaver 将 file:// 路径转换为相对路径。

5.6.3 创建页面链接

页面链接就是指向其他网页或文件的超链接，单击这些链接时将跳转到相应的网页或文件。如果链接的目标文件位于同一网站，通常使用相对于当前文档的文件路径；如果链接的文件位于当前网站之外，则使用绝对路径。

创建页面链接的方法有以下 3 种。

1. 使用"插入"菜单或"插入"工具栏创建超链接

(1)将光标定位于要插入超链接的位置。

(2)执行如下操作之一，显示 Hyperlink 对话框(图 5-27)：

①选择"插入"→Hyperlink 菜单项；

②将"插入"工具栏切换到 HTML 选项卡中，执行 Hyperlink 命令。

(3)在打开的 Hyperlink 对话框中进行相应的设置，如输入链接的文本、选择链接的目标文件和目标等。

(4)单击"确定"按钮，则在指定的位置插入超链接。

2. 使用"属性"面板创建或修改超链接

(1)在"文档"窗口的"设计"视图中选择文本或图像。

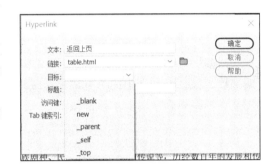

图 5-27 Hyperlink 对话框

(2)打开"属性"面板(选择"窗口"→"属性"菜单项)，然后执行下列操作之一：

①单击"链接"文本框右侧的"浏览"按钮，打开"选择文件"对话框，选择要链接的文件。

②在"链接"文本框中输入文档的路径和文件名。

若要链接到站点内的文档，输入文档相对路径或站点根目录相对路径。若要链接到站点外的文档，输入包含协议(如 http://)的绝对路径。此种方法可用于输入尚未创建的文件的链接。

(3)从"目标"下拉列表框中，选择文档打开的位置(图 5-28)。链接的"目标"属性决定了链接在哪里打开(表 5-1)。

图 5-28 Hyperlink 的"属性"面板

表 5-1 目标的属性取值

属性值	说明
_blank	在一个新浏览器窗口中打开

属性值	说明
_parent	在含有该链接的框架的父框架集或父窗口中打开。如果包含链接的框架不是嵌套的，则链接文件加载到整个浏览器窗口中
_self	在该链接所在的同一框架或窗口中打开(默认值)
_top	在整个浏览器窗口中打开，因而会删除所有框架
new	在同一个新浏览器窗口中打开链接的文件
framename	在指定的框架中打开被链接文档

注意： _self、_parent、_top 都是在当前页面中打开目标网页，只有在框架中才会有不同。

3. 使用"指向文件"图标直接指向要链接的文件

使用"指向文件"图标直接指向要链接的文件适合于创建指向站点内文件的链接。

(1)打开"文件"面板。

(2)在"文档"窗口的"设计"视图中选择文本或图像。

(3)拖动"属性"面板中"链接"文本框右侧的"指向文件"图标⊕，然后指向另一个打开的文档、已打开文档中的可见锚记，或者指向"文件"面板中的一个文档(图 5-29)。"链接"文本框将更新，以显示该链接。

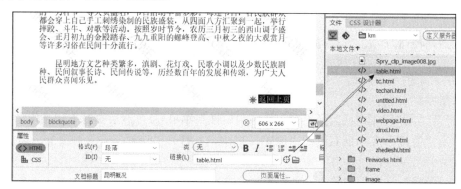

图 5-29　"指向文件"图标

(4)释放鼠标左键。

5.6.4　创建锚记链接

命名锚记使设计者可以在文档中设置标记，这些标记通常放在文档的特定主题处或顶部。然后可以创建到这些命名锚记的链接，这些链接可快速将访问者带到指定位置。

创建到命名锚记的链接的过程分为两步：

(1)创建一个命名锚记；

(2)创建指向该命名锚记的链接。

若要创建命名锚记，执行以下操作：

(1)在"文档"窗口的"设计"视图中，将插入点放在需要命名锚记的地方。

(2)切换到"代码"视图，输入<a name="自定义锚记名称"></a>。

例如，<a name="top"></a>昆明旅游景点，则在该标题文字前面出现一个名为 top 的命名锚记(图 5-30)。

```
<blockquote>
  <p><a name="top" id="top"></a><span class="STYLE2">
<marquee behavior="alternate">昆明旅游景点</marquee>
</span></p>
```

图 5-30　创建命名锚记

注意：如果看不到锚记标记，可选择"查看"→"设计视图选项"→"可视化助理"→"不可见元素"菜单项。

若要链接到命名锚记，执行以下操作：

(1)在"文档"窗口的"设计"视图中，选择要创建锚记链接的文本或图像。

(2)在"属性"面板的"链接"文本框中，输入"#锚记名称"。例如：

①若要链接到当前文档中的名为 top 的锚记，输入#top。

②若要链接到同一文件夹内其他文档(如 filename.html)中的名为 top 的锚记，输入 filename.html#top。

注意：锚记名称区分大小写。

【例 5-3】用锚记链接制作网页。

在"昆明之光"网站中的 jindian.html 中，创建多个锚记链接。

(1)在"文件"面板中选择 km 为当前网站，新建网页文件 kunming\files\jindian.html，双击该文件。第一段为页面标题，第二段为水平导航栏，水平线以下为各个景点的介绍(图 5-31)。

例 5-3

(2)单击"属性"面板中的"页面属性"按钮，选择"分类"列表框中的"外观(CSS)"选项，设置大小为 16px，网页背景图像为 materials\back2.gif。

(3)将光标定位到正文中项目列表"九乡"前面，在"代码"视图输入 <a name="jx"></a>。

(4)选择导航栏中的文字"九乡"。在"属性"面板的"链接"文本框中输入 #jx(图 5-31)。

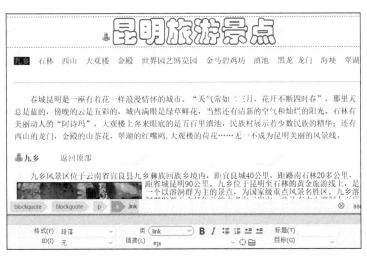

图 5-31　命名锚记

(5)重复(3)、(4)类似的方法,分别为每个景点小标题创建指向相应项目列表的锚记链接。

(6)将光标定位在网页标题"昆明旅游景点"前面,在此处插入一个名为 top 的命名锚记。

(7)依次选择每个项目列表后面的"返回顶部"文本,在"属性"面板的"链接"文本框中输入#top。

(8)保存网页,按 F12 键预览网页。

5.6.5 创建电子邮件链接

单击电子邮件链接时,该链接打开一个新的空白信息窗口(使用的是与用户浏览器相关联的邮件程序)。在该信息窗口中,"收件人"文本框自动更新为显示电子邮件链接中指定的地址。

1. 使用"插入"工具栏或"插入"菜单创建电子邮件链接

(1)在"文档"窗口的"设计"视图中,将插入点放在希望出现电子邮件链接的位置,或者选择要作为电子邮件链接出现的文本或图像。

(2)执行下列操作之一,插入该链接:

①选择"插入"→HTML→"电子邮件链接"菜单项。

②在"插入"工具栏的 HTML 选项卡中,执行"电子邮件链接"命令。

(3)打开"电子邮件链接"对话框(图 5-32),在"文本"文本框中输入网页中作为电子邮件链接的文本,如"与我联系"。在"电子邮件"文本框中输入指定的电子邮件地址。

图 5-32　"电子邮件链接"对话框

(4)单击"确定"按钮,则在指定位置插入一个电子邮件链接。

2. 使用"属性"面板创建电子邮件链接

(1)在"文档"窗口的"设计"视图中选择文本或图像。

(2)在属性检查器的"链接"文本框中,输入 mailto:电子邮件地址。

注意: 在冒号和电子邮件地址之间不能输入任何空格,如 mailto:abc@163.com。

5.6.6 创建图像热点链接

图像地图指已被分为多个区域(或称热点)的图像;当用户单击某个热点时,会发生某种操作(如打开一个新文件)。

1. 制作图像热点

(1)在"文档"窗口中,选择图像。

(2)在"属性"面板中,单击右下角的展开箭头,查看所有属性。

(3)在"地图名称"文本框中为该图像地图输入唯一的名称。

注意：如果在同一文档中使用多个图像地图，要确保每个地图都有唯一名称。

(4)定义图像地图区域，执行下列操作之一：

①选择"圆形"工具 ⬭，此时鼠标指针变成十字形指针，将鼠标指针移至图像上并拖动，创建一个圆形热点。

②选择"矩形"工具 ☐，此时鼠标指针变成十字形指针，将鼠标指针移至图像上并拖动，创建一个矩形热点。

③选择"多边形"工具 ⬙，此时鼠标指针变成十字形指针，将鼠标指针移至图像上，在各个顶点上单击，定义一个不规则形状的热点。然后单击箭头工具封闭此形状。

创建热点后，打开热点的"属性"面板(图5-33)。

图5-33　热点"属性"面板

(5)在热点"属性"面板中完成有关设置。

(6)完成绘制图像地图后，在该文档的空白区域单击，以便更改"属性"面板。

2. 修改图像地图

可以移动热点，调整热点大小，或者在层之间向上或向下移动热点。

还可以将含有热点的图像从一个文档复制到其他文档；或者复制某图像中的一个或多个热点，然后将其粘贴到其他图像上，这样就将与该图像关联的热点也复制到了新文档中。

1)选择图像地图中的多个热点

(1)使用指针热点工具选择一个热点。

(2)执行下列操作之一，选择多个热点：

①按下 Shift 键的同时单击要选择的其他热点。

②按 Ctrl+A 键选择所有的热点。

2)移动热点

(1)使用指针热点工具选择要移动的热点。

(2)将此热点拖动到新区域。

3)调整热点的大小

(1)用指针热点工具选择要调整大小的热点。

(2)拖动热点选择器手柄，更改热点的大小或形状。

5.6.7 创建空链接和脚本链接

除了链接到文档和命名锚记的链接之外，还有其他一些链接类型。

（1）空链接：未指派的链接。空链接用于向页面上的对象或文本添加行为。创建空链接后，可向空链接添加行为，以便当鼠标指针滑过该链接时，交换图像或显示层。

（2）脚本链接：执行 JavaScript 代码或调用 JavaScript 函数。它非常有用，能够在不离开当前网页的情况下为访问者提供有关某项的附加信息。脚本链接还可用于在访问者单击特定项时，执行计算、表单验证和其他处理任务。

1. 创建空链接

（1）在"文档"窗口的"设计"视图中选择文本、图像或对象。

（2）在属性检查器中的"链接"文本框中输入 javascript:;（javascript 一词后依次接一个冒号和一个分号），或者在"链接"文本框中输入#。

2. 创建脚本链接

（1）在"文档"窗口的"设计"视图中选择文本、图像或对象。

（2）在属性检查器的"链接"文本框中输入 javascript:，后面跟一些 JavaScript 代码或函数调用。

例如，在"链接"文本框中输入 javascript:alert('This link leads to the index') 可生成这样一个链接：单击该链接时，会显示一个含有 This link leads to the index 消息的 JavaScript 警告框。

注意：因为在 HTML 中，JavaScript 代码放在双引号中（作为 href 属性的值），所以在脚本代码中必须使用单引号，或者可通过在双引号前添加反斜杠，将所有双引号"转义"（如\"This link leads to the index\"）。

5.7 多媒体对象

随着多媒体技术和网络技术的发展，网页中除了可以插入文字和图像外，还可以在 Dreamweaver 文档中插入 Flash SWF 文件、Flash Video、HTML5 Video、HTML5 Audio 或者其他音频或视频对象。

动画是网页中必不可少的元素，除了 GIF 动画外，常见的是用 Flash 制作出的.swf 格式的动画。

（1）Flash 文件（.fla）是动画的源文件，在 Flash 程序中创建。此类型的文件只能在 Flash 中打开（而不是在 Dreamweaver 或浏览器中打开）。可以在 Flash 中打开 Flash 文件，然后将它导出为 SWF 文件以在浏览器中使用。

（2）Flash SWF 文件 （.swf）可以在浏览器中播放并且可以在 Dreamweaver 中进行预览，但不能在 Flash 中编辑此文件。

若要在页面中插入多媒体对象，执行以下操作。

（1）将插入点放在"文档"窗口中希望插入该对象的位置。

（2）执行下列操作之一插入多媒体对象：

①在"插入"工具栏的 HTML 选项卡中，选择要插入的对象类型。

②选择"插入"→HTML 菜单项，在 HTML 子菜单中选择适当的对象(图 5-34)。

③若要插入的对象不是以上多媒体对象,使用"插件"按钮。

图 5-34　HTML 子菜单

5.7.1　插入 Flash 动画

(1)在"文档"窗口的"设计"视图中，将光标定位在插入位置，然后执行以下操作之一：

①在"插入"工具栏的 HTML 选项卡中，单击 Flash SWF 图标。

②选择"插入"→HTML→Flash SWF 菜单项。

(2)在显示的对话框中，选择一个 Flash 文件(.swf)。

Flash 占位符随即出现在"文档"窗口中。按 F12 键在浏览器中预览 Flash 内容。

5.7.2　插入 Flash 视频

(1)选择"插入"→HTML→Flash Video 菜单项,或者单击 HTML 选项卡上的 Flash Video 图标。

(2)在"插入 FLV"对话框(图 5-35)中，"视频类型"下拉列表框选择"累进式下载视频"选项。

图 5-35　"插入 FLV"对话框

(3)单击"浏览"按钮，浏览至 km2.flv 文件。"外观"下拉列表框选择"Clear Skin 1(最小宽度：140)"选项，设置宽度和高度，单位为像素，其他选项保留默认的选择值。

(4)单击"确定"按钮，关闭对话框并将 Flash 视频内容添加到 Web 页面。

5.7.3　插入声音和视频

可以向 Web 页添加声音。有多种不同类型的声音文件和格式，如.wav、.midi 和 .mp3。视频剪辑通常采用 AVI 或 MPEG 文件格式。

注意：用户必须下载辅助应用程序才能查看常见的流式处理格式，如 Real Media、QuickTime 和 Windows Media。

插入声音和视频的步骤如下。

(1)在"设计"视图中,将光标定位在插入位置,然后执行以下操作之一:

①在"插入"工具栏的"HTML"选项卡中,单击"插件"图标。

②选择"插入"→HTML→"插件"菜单项。

(2)在打开的"选择文件"对话框中,选择音频或视频文件。

(3)选择插件,在"属性"面板(图 5-36)输入宽度和高度,或者通过在"文档"窗口中调整插件占位符的大小,这些值确定音频或视频控件在浏览器中以多大的大小显示。

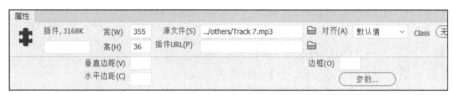

图 5-36　插件"属性"面板

5.7.4　透明 Flash 动画作背景

用 Dreamweaver 在网页中插入 Flash 动画时,常常会出现由于 Flash 动画本身带有背景色,插入网页后,动画连同 Flash 背景色部分占据了页面的一个长方形区域这种情况,影响了页面中背景动画的正常显示,使 Flash 动画无法有效地与背景画面相融合。为了避免这种情况的发生,就需要将插入的 Flash 动画设置为透明。而且像很多的 Flash,如花瓣飘落、鱼游荷花池、雪花飞舞效果是需要背景透明才能衬托出其独特的美感的。

要用透明 Flash 动画作为背景,首先要准备好一张图片和一个作为背景的 Flash 动画。步骤如下:

(1)插入一个 1 行 1 列的表格。

(2)选择表格,将表格的背景图像设置为某一幅图像。

(3)在表格单元格内插入一个以.swf 为扩展名的 Flash 动画文件。

(4)选择 Flash 动画,在 SWF"属性"面板上(图 5-37),将 Wmode 设置为透明,则该 Flash 动画设为透明效果。

图 5-37　SWF"属性"面板

例 5-4

【例 5-4】透明 Flash 动画实例制作。

在"荷花"网页 hehua.htm 中插入透明 Flash 动画作为背景,操作步骤如下。

(1)新建网页。

①启动 Dreamweaver,使 km 站点成为当前站点。

②右击 files 文件夹,在弹出的菜单中选择"新建文件"菜单项,新建一个空白网页。将文件名重命名为 hehua.html。

③双击 hehua.html 文件,打开"文档"窗口,在"属性"面板的"文档标题"文本框中

输入文字"荷花"。

(2)插入表格。

①选择"插入"→Table 菜单项，弹出 Table 对话框，在"行数"和"列数"文本框中输入 1，单击"确定"按钮，在网页上插入一个 1 行 1 列的表格。

②单击状态栏上的<table>标签，选择表格。

③为表格设置背景图。

切换到"代码"视图，为<table>增加属性 background(图 5-38)。单击"浏览"按钮，打开"选择文件"对话框，选择 hehua6.gif 文件，单击"确定"按钮。

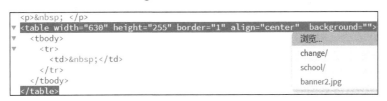

图 5-38　设置表格背景图像

④选择表格，从表格"属性"面板的 Align 下拉列表框选择"居中对齐"选项，将表格位于页面中间。

(3)插入和设置 Flash 动画。

①光标放在表格单元格内，选择"插入"→HTML→Flash SWF 菜单项，弹出"选择SWF"对话框，选择 materials\20.swf 文件，插入 Flash 动画，选择动画，将动画调整到和背景图一样大小，盖住背景图。

②选择 Flash 动画，从 SWF"属性"面板(图 5-37)的 Wmode 下拉列表框选择"透明"选项，将该 Flash 动画设为透明效果。

(4)保存网页。

选择"文件"→"保存"菜单项，保存网页。按 F12 键预览效果(图 5-39)。

图 5-39　透明 Flash 背景

5.7.5　使用网页音频标签<audio>

目前，大多数音频是通过插件来播放的，常见的播放插件有 Flash 等。这就是用户在使用浏览器插入音乐时，常常需要安装 Flash 插件的原因，但是并不是所有的浏览器都拥有同样的插件。为此，HTML5 新增了<audio>标签。

1. <audio>标签简介

<audio>标签主要用于定义播放声音文件或者音频流的标准，支持 3 种，分别为 Ogg、MP3 和 WAV。格式如下：

```
<audio src="Track 7.mp3" controls="controls" autoplay="autoplay" loop="loop" >
</audio>
```

其中，src 属性规定要播放的音频的地址；controls 属性显示播放、暂停和音量控件；autoplay 表示自动播放；loop 表示循环播放。

通过<source>标签添加多个音频文件(浏览器会自动选择第一个能识别的格式)，代码如下：

```
<audio controls="controls"  autoplay="autoplay"  loop="loop" >
<source src="1.ogg"  type="audio/ogg">
<source src="Track 7.mp3"  type="audio/mp3">
您的浏览器不支持<audio>标签
</audio>
```

2. 网页中插入音频文件

(1)选择"插入"→HTML→HTML5 Audio 菜单项，在"设计"视图中选择添加的音频图标后，在"属性"面板上设置源和 Alt 源 1，单击"浏览"图标，打开"选择音频"对话框，选择音频文件，单击"确定"按钮。

(2)在<audio>与</audio>标签中输入文本"您的浏览器不支持<audio>标签"，设置当浏览器不支持<audio>标签时，以文字方式向浏览者给出提示。

(3)在"属性"面板上，选择 Controls、Loop、Autoplay、Muted 复选框。

按 F12 键预览网页(图 5-40)，音频"属性"面板如图 5-41 所示。

图 5-40　预览网页(一)　　　　　　　　　　　　图 5-41　音频"属性"面板

5.7.6　使用网页视频标签<video>

与音频文件播放方式一样，大多数视频文件在网页上也是通过插件来播放的，如 Flash。由于不是所有的浏览器都拥有同样的插件。为此，HTML5 新增了<video>标签。

1. <video>标签简介

<video>标签主要用于定义播放视频文件或者视频流的标准，支持 3 种视频格式，分别为 Ogg、WebM 和 MPEG4。格式如下：

```
<video src="Clapper.mp4" width="300" height="200" controls="controls"
muted="muted" autoplay="autoplay" loop="loop" >
</video>
```

其中，src 属性规定要播放的视频的地址；controls 属性向用户显示控件，如"播放"按钮；

autoplay 表示自动播放；loop 表示循环播放；width、height 设置视频的宽度和高度；muted 属性可以设置在网页中插入视频时不播放视频的声音（即静音播放）。

通过<source>标签添加多个视频（浏览器会自动选择第一个能识别的格式）。代码如下：

```
<video  width="300"  height="200"  controls="controls"  muted="muted"
autoplay="autoplay" loop="loop" >
    <source src="Clapper.ogg"  type="video/ogg">
    <source src="Clapper.mp4"  type="video/mp4">
    您的浏览器不支持<video>标签
</video>
```

2．网页中插入视频文件

（1）选择"插入"→HTML→HTML5 Video 菜单项，在"设计"视图中选择添加的视频图标后，在"属性"面板上设置源和 Alt 源 1，单击"浏览"按钮，打开"选择视频"对话框，选择视频文件，单击"确定"按钮。

（2）在<video>与</video>标签之间输入文本"您的浏览器不支持<video>标签"，设置当浏览器不支持<video>标签时，以文字方式向浏览者给出提示。

（3）在"属性"面板上设置 W、H 的值，选择 Controls、Loop、Autoplay、Muted 复选框。

按 F12 键预览网页（图 5-42），视频"属性"面板如图 5-43 所示。

图 5-42　预览网页（二）

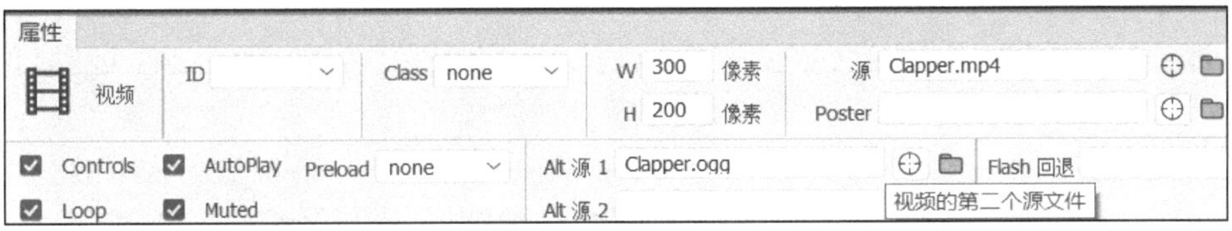

图 5-43　视频"属性"面板

5.7.7　水平滚动 Flash 文字动画实例

例 5-5

【例 5-5】制作水平滚动的 Flash 文字动画。

（1）启动 Flash CS5，选择"文件"→"新建"菜单项，打开"新建文档"对话框，从"常规"选项卡的"类型"下拉列表框中选择 ActionScript3.0 选项，单击"确定"按钮。

（2）选择"修改"→"文档"菜单项，打开"文档设置"对话框，设置文档宽为 700 像素，高为 70 像素，文档的宽、高与下一步选择的背景图 index_r2_c3.jpg 的宽、高相同。

（3）在"时间轴"面板上，双击图层的名字（如图层 1），重命名为 back，选择 back 层的第 1 帧，选择"文件"→"导入"→"导入到舞台"菜单项，打开"导入"对话框，选择背景图片文件 materials\Fireworks html\images\index_r2_c3.jpg。将该图导入舞台上。

（4）在舞台上选择图像 index_r2_c3.jpg，在"属性"面板上设置 X 和 Y 为 0，使得动画背景图像与文档位置重合（图 5-44）。

（5）右击 back 层的第 60 帧，从弹出的快捷菜单中选择"插入关键帧"菜单项，在第 60 帧处也插入该背景图作为关键帧。

图 5-44　图像"属性"面板

(6) 单击"时间轴"面板左下方的"新建图层"按钮 ，在 back 层的上方插入图层 2。

(7) 单击图层 2 第 1 帧，单击"工具"面板上的"文本工具"按钮 ，在文档左边输入文字"昆明新貌"，用"属性"面板设置文字的字体、大小、颜色(图 5-45(a))。

(8) 右击图层 2 第 29 帧，从弹出的快捷菜单中选择"插入关键帧"菜单项，在第 29 帧处也插入文字"昆明新貌"，并将文字拖动到文档右边(图 5-45(b))。

(9) 右击图层 2 第 30 帧，从弹出的快捷菜单中选择"插入空白关键帧"菜单项，单击"工具"面板上的"文本工具"按钮 ，在文档右边输入文字"欢迎光临"，用"属性"面板设置文字的字体、大小、颜色(图 5-45(c))。

(10) 右击图层 2 第 60 帧，从弹出的快捷菜单中选择"插入关键帧"菜单项，在第 60 帧处也插入文字"欢迎光临"，并将文字拖动到文档左边(图 5-45(d))。

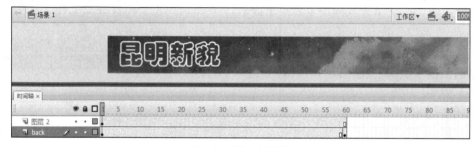

(a)滚动文字第 1 个关键帧

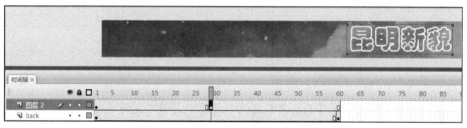

(b)滚动文字第 2 个关键帧

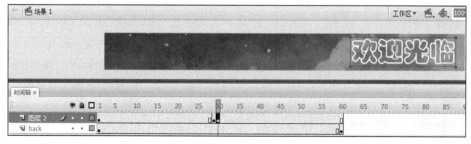

(c)滚动文字第 3 个关键帧

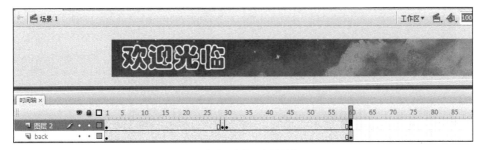

(d)滚动文字第4个关键帧

图5-45　制作水平滚动文字动画

(11)右击图层2的第1个关键帧，执行"创建传统补间"命令；右击图层2的第30帧，执行"创建传统补间"命令，各生成一条带箭头的黑线，最终的"时间轴"面板如图5-46所示。

图5-46　"时间轴"面板

(12)选择"文件"→"保存"菜单项，保存成源文件welcome.fla，选择"文件"→"导出"→"导出成影片"菜单项，保存成影片文件welcome.swf，双击文件播放动画(图5-47)。

图5-47　水平滚动的文字动画

习　题　5

1．制作一个图文并茂的网页，主题任选，并在网页中加入文字、图片、超链接、滚动字幕、Flash动画、背景音乐等。

2．制作一个图书收藏小网站，自行收集素材，要求：

(1)网站栏目包括首页、图书分类。

(2)网站中需利用图像热点链接与鼠标经过图像等技术，实现图片多样效果。

3．制作一个网页，并制作透明Flash动画。

第6章　CSS

现代网页制作离不开 CSS 技术，采用 CSS 技术，可以有效地对页面的布局、字体、颜色、背景和其他效果实现更加精确的控制。用 CSS 不仅可以做出美观工整、令浏览者赏心悦目的网页，还能给网页添加许多神奇的效果。通过使用 CSS 可以美化网页，实现网站内网页风格的统一，使网站的维护和管理变得更容易。可以通过导出样式表文件并应用于其他文档，快速实现网站设计风格的一致。

6.1　CSS 概述

6.1.1　CSS 的概念

CSS(Cascading Style Sheet)中文全称为层叠样式表，CSS 技术是一种格式化网页的便捷技术，CSS 应用在网页设计中，易于精确控制网页布局、提高代码重用率、简化 HTML 中的各种烦琐标记、提高网页传输速率、便于网页的更新与维护。CSS 扩充了 HTML 各标记的属性设定(即样式)，而且 CSS 样式可通过 JavaScript 程序来控制，这样便可以有效地对网页的外观和布局进行更精确的控制，从而使网页的表现方式更加灵活和美观。

引入 CSS 的主要目的在于将网页要显示的内容与样式设定分开，也就是将网页的外观设定信息从网页内容中独立出来，并集中管理。网页的样式设定和内容分离的好处除了可集中管理外，如果进一步将 CSS 样式信息存成独立的文件，只需修改一个样式表文件就能改变多个网页的外观和格式，这样可省却在每一个网页中重复设定的麻烦。

CSS 是能够真正做到网页表现与内容分离的一种样式设计语言。相对于传统 HTML 的表现而言，CSS 能够对网页中的对象的位置排版进行像素级的精确控制，支持几乎所有的字体字号样式，还可以通过由 CSS 定义的大小不一的盒子和盒子嵌套来定位排版网页内容。用这种方式排版的网页代码简洁、更新方便，能兼容更多的浏览器。

CSS 一般有三个版本：CSS1、CSS2、CSS3，各个版本之间向后兼容，CSS2 使用较多，CSS3 在 CSS2 的基础上添加了很多新特性，这些新特性更加符合移动开发的需求，加快开发速度。CSS3 被拆分为模块，如选择器、盒模型、背景和边框、文字特效、2D/3D 转换、动画、多列布局、用户界面等。

6.1.2　定义 CSS 样式

1. 定义 CSS 样式的格式

定义 CSS 样式的格式为：选择器{属性:属性值;...}。其中，属性表示由 CSS 标准定义的样式属性；属性值表示样式属性的值。

借助 CSS 的强大功能，网页将在丰富的想象力下千变万化。利用属性可以设置字体、颜色、背景等页面格式；利用定位可以使页面布局更加规范、好看；利用滤镜可以使页面产生多媒体效果。

在下面的示例中，H1 是选择器，在大括号{}之间包括：属性(如 font-family)和属性值(如 Helvetica)。

```
H1 {
    font-size:16 pixels;        /*设置字体的大小*/
    font-family:Helvetica;
    font-weight:bold;
}
```

上述示例为 H1 标签创建了样式，因此所有 H1 标签的文本大小都将是 16 像素并使用 Helvetica 字体和粗体。

CSS 注释语法为：/* 注释内容 */。

样式(来自一个规则或一组规则)位于一个独立于它正在格式化的实际文本的位置，通常位于外部样式表或 HTML 文档的头部。因此，H1 标记符的一个规则可以同时应用于多个 H1 标记符(对于外部样式表，该规则可以同时应用于多个不同页面上的多个 H1 标记符)。这样，CSS 提供了极其简单的更新功能。在一个地方更新 CSS 规则时，使用定义样式的所有元素的格式都会自动更新为新样式。例如，不同网页的多个 H1 标记符都应用了为 H1 标记符定义的一个规则(图 6-1)。

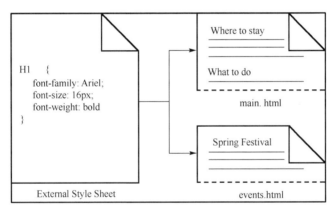

图 6-1　CSS 规则

2. 常用 CSS 选择器

选择器表示需要应用样式的内容，常用的 CSS 选择器有 HTML 标记符、嵌套组合 HTML 标记符、类选择器、ID 选择器、伪类选择器等。

1) HTML 标记符

HTML 标记符是最常用的选择符，可以为某个或多个具有相同样式的 HTML 标记符定义样式。例如：

```
p{color: red}
h1{color: red}
h2{color: red}
```

若三个标记符都有相同的样式，可以合在一起定义：

```
p,h1,h2{color: red}
```

2) 嵌套组合 HTML 标记符

嵌套组合 HTML 标记符可以为嵌套的组合标记符设置样式，例如：

```
td h1{color: red, text-align: center}
```

注意：td 和 h1 之间以空格分隔。

3) 类选择器

类选择器为某个具体的 HTML 标记符定义样式，只能改变一个标记符的样式，为了使定义的样式能够应用在所有标记符上，以提高样式的通用性，可以在<head>部分使用用户定义的类(class)来创建样式。

要定义类选择器样式，格式如下：

.类名{属性:属性值;...}

```
<head>
<style>
.red{color: red}
</style>
</head>
```

在网页正文<body>部分，在要引用该样式的标记符内使用 class 属性，即可引用类定义样式。

```
<body>
<p class="red">网页设计</p>
<h1 class="red">春回大地</h1>
</body>
```

4) ID 选择器

当想把同一样式应用到不同标记符上时，除了使用".类名"的方式定义一个通用类以外，还可以使用用户定义的 ID 选择器定义样式。

要定义 ID 选择器样式，格式如下：

#ID 号{属性:属性值;...}

```
<head>
<style>
#red{color: red}
</style>
</head>
```

在正文部分，在引用该样式的标记符内使用 id 属性，即可引用用户 ID 选择器样式。

```
<body>
<p id="red">网页设计</p>
<h1 id="red">春回大地</h1>
</body>
```

5) 伪类选择器

同一个标签，根据其不同的状态，有不同的样式，这就叫做伪类，伪类用冒号来表示。

对于超链接 a 标记符，可以用伪类的方式来设置超链接的不同显示方式。a 标记符有 4 种伪类(即访问过的、未访问过的、激活的以及鼠标指针悬停在其上四种状态)。

可以用以下四种选择器设置超链接的样式：

(1) a: link {属性:属性值}：未被访问过的超链接样式。

(2) a: visited{属性:属性值}：已访问过的超链接样式。

(3) a: active{属性:属性值}：单击(激活)的超链接样式。

(4) a: hover{属性:属性值}：鼠标指针悬停的超链接样式。

例如：

```
a: link{color: black; text-decoration: none}
a: visited{color: gray; text-decoration: none}
a: active{color: blue}
a: hover{color: red; text-decoration: underline}
```

6.2 网页中引入 CSS 样式的三种方式

CSS 样式在网页文档中的三种引用方式是外部样式表文件、内部(或嵌入式)样式和内嵌样式。

1. 外部样式表文件

外部样式表文件是将 CSS 样式定义保存为一个扩展名为.css 的文件。在 HTML 文档头部通过文件引用进行风格控制。在<head>与</head>之间插入下列语句实现对外部样式表文件的引用。

```
<head><link rel="stylesheet"  href="文件名.css" type="text/css"></head>
```

应用 CSS 文件的最大好处就是可以在每个 HTML 文件中引用这个文件,这使得整个站点的 HTML 文件在风格上保持一致。另外,需要对整个网站的 CSS 样式风格进行修改时,只需直接修改 CSS 文件就可以,而不必每个 HTML 文件都修改。

2. 内部(或嵌入式)样式

采用嵌入式样式,将 CSS 样式直接定义在文档头部<head>与</head>之间,而不是形成文件。样式使用范围也仅限于本网页。

```
<head>
<style type="text/css">
.style1{letter-spacing:  3px;  text-align:  left;  word-spacing:  3pt;
white-space: normal; }
</style>
</head>
```

应用嵌入式样式的主要用处是:在使用外部样式表文件使整个网站风格统一的前提下,可针对具体页面进行具体调整。CSS 嵌入式样式与 CSS 外部样式表文件并不相互排斥,而是相互补充,例如,在外部样式表文件中定义了 p 标签的字体颜色 font-color 为 blue,在内部文档中可具体定义 p 标签的字体颜色 font-color 为 green,而在 p 标签内部可通过 style 属性再次具体定义 p 标签字体颜色为 red。套用样式时使用就近原则,这就是层叠样式表的真正含义。

3. 内嵌样式

内嵌样式只需要在每个 HTML 标签内书写 CSS 属性就可以了。这种方式很简单,但很直接。

例如，<p style= "color: red; font- size: "10pt ">。内嵌样式主要用于对具体的标签做具体的调整，其作用的范围只限于本标签。

6.3　样式的层叠

样式表允许以多种方式定义样式信息。样式可以定义在单个的 HTML 元素中，或者定义在 HTML 页的头元素<head>内部，或者定义在一个外部的 CSS 文件中，甚至可以在同一个 HTML 文档内部引用多个外部样式表。一般而言，所有的样式会根据下面的规则层叠于一个新的虚拟样式表中，其中(4)拥有最高的优先权。

(1)浏览器缺省设置(浏览器的默认样式)。

(2)外部样式表(.css)。

(3)内部样式表(位于<head>标签内部)。

(4)内联样式(在 HTML 元素内部)。

(5)同一样式表中，CSS 选择器越准确的，优先级越高。

【例 6-1】用 CSS 美化网页。

(1)新建一个网页，输入 1 个标题、2 个段落。选择"插入"→Div 菜单项，弹出"插入 Div"对话框，单击"确定"按钮，插入 1 个 Div，在 Div 中插入图像，设置每个图像宽为 200 像素，高为 122 像素，插入图像后将 Div 内的提示文本删除。重复该操作，共插入 3 个 Div 和 3 个图像。

(2)在<head>与</head>之间输入内部样式表，分别定义 body、p、h3、.div1、.div2、.div3 的样式。

例 6-1

```
<head>
<style type="text/css">
    body{
        width:900px; margin:0 auto;font-family: Arial; font-size: 13px;
    }
    .div1,.div3{
        padding: 10px;
        margin-left: 20px;
        margin-right: 20px;
        border: #7029E7 10px ridge;
        float: left;                          /*图层1、3向左浮动*/
    }
    .div2{
        padding: 10px;
        margin-left: 20px;
        margin-right: 20px;
        border: #ff3333 10px ridge;
        float: left;                          /*图层2向左浮动*/
    }
    h3{
        text-align: center;
        font: italic bolder 30px/2em 黑体;
        background-color: antiquewhite;       /*标题的背景色*/
        border: 1px dotted #222222;           /*标题的边框*/
```

```
        }
    p{
        text-indent: 2em;                        /*向右缩进 2 个字符*/
        text-align: left;                        /*左对齐*/
        font: lighter 20px 隶书;                 /*设置字体*/
        text-decoration: underline;              /*英文单词首字母大写*/
        text-transform: capitalize;              /*下划线*/
    }
    </style>
    </head>
```

(3)选择标题, "属性"面板的目标规则设为 h3; 分别选择第 2、3 段, 目标规则设为 p, 选择第 1 张图, 类设为 div1; 选择第 2 张图, 类设为 div2; 选择第 3 张图, 类设为 div3。代码如下:

```
<body>
<h3>春城昆明</h3>
<p>春城昆明是一座有着花一样浪漫情怀的城市。&ldquo;天气常如二三月, 花开不断四时春&rdquo;, 那里天总是蓝的, 傍晚的云是五彩的, 城内满眼是绿草鲜花, 当然还有清新的空气和灿烂的阳光。</p>
    <p>Kunming is a city with romantic feelings like flowers. &quot;The weather
is often like February and March, with flowers blooming in four seasons of
spring&quot;. The sky is always blue, the clouds in the evening are colorful, the
city is full of green grass and flowers, of course, there is fresh air and brilliant
sunshine.</p>
    <div class="div1"><img src="shilin3.jpg" alt="" width="200" height="122"/></div>
    <div class="div2"><img src="ho.jpg" alt="" width="200" height="122"/> </div>
    <div class="div3"><img src="shibo3.jpg" alt="" width="200" height="122"/> </div>
    <p> </p>
    <p> </p>
    </body>
```

保存、预览网页, 如图 6-2 所示。

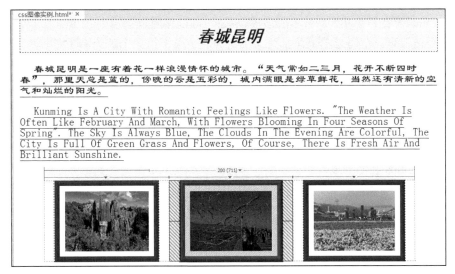

图 6-2　CSS 的应用

6.4 常用 CSS3 新特性

CSS 用于控制网页的样式和布局。CSS3 是最新的 CSS 标准，CSS3 完全向后兼容，常用 CSS3 特性如下：渐变、动画、过渡、背景和边框、文本效果、2D/3D 转换、动画、多列布局、用户界面、图片、按钮等。

6.4.1 CSS3 边框

用 CSS3 可以创建圆角边框、添加阴影框，并作为边界的形象而不使用设计程序，如 Photoshop。新边框属性如表 6-1 所示。

表 6-1　CSS3 新边框属性

属性	说明	CSS
border-image	设置所有边框图像	3
border-radius	用于给元素的边框创建(1~4 个)圆角效果	3
box-shadow	附加一个或多个下拉框的阴影	

1. CSS3 圆角边框

CSS3 中 border-radius 属性用于创建圆角边框(图 6-3)。

```
div
{   border:2px solid #a1a1a1;
    padding:10px 40px;
    background:#dddddd;
    width:300px;
    border-radius:25px;
}
```

border - radius 属性允许您为元素添加圆角边框！

图 6-3　圆角边框

如果在 border-radius 属性中只指定一个值，那么将生成 4 个圆角。

但是，如果要在四个角上一一指定圆角半径，可以使用以下规则。

(1)四个值：第一个值为左上角，第二个值为右上角，第三个值为右下角，第四个值为左下角。

(2)三个值：第一个值为左上角，第二个值为右上角和左下角，第三个值为右下角。

(3)两个值：第一个值为左上角与右下角，第二个值为右上角与左下角。

(4)一个值：四个圆角值相同。

例如，四个值 border-radius：15px 50px 30px 5px；三个值 border-radius: 15px 50px 30px；两个值 border-radius:15px 50px。

【例 6-2】指定背景颜色、边框与背景图片的元素圆角(图 6-4)。

例 6-2

```
<!doctype html>
<html>
<head><meta charset="utf-8"><title></title>
<style>
#rcorners1{
```

```
        border-radius: 25px;
        background: #8AC007;
        padding: 20px;
        width: 200px;
        height: 150px;
    }
    #rcorners2{
        border-radius: 25px;
        border: 2px solid #8AC007;
        padding: 20px;
        width: 200px;
        height: 150px;
    }
    #rcorners3{
        border-radius: 25px;
        background: url(background.jpg);
        background-position: left top;
        background-repeat: repeat;
        padding: 20px;
        width: 200px;
        height: 150px;
    }
</style></head>
<body>
<p>border-radius 属性允许向元素添加圆角。</p>
<p>指定背景颜色的元素圆角:</p>
<p id="rcorners1">圆角</p>
<p>指定边框的元素圆角:</p>
<p id="rcorners2">圆角</p>
<p>指定背景图片的元素圆角:</p>
<p id="rcorners3">圆角</p>
</body></html>
```

图 6-4 指定背景颜色、边框与背景图片的元素圆角

2. CSS3 盒阴影

【例 6-3】用 CSS3 中的 box-shadow 属性添加阴影(图 6-5)。

语法: box-shadow: h-shadow v-shadow blur spread color inset;

box-shadow 属性把一个或多个下拉阴影添加到框上。该属性是一个用逗号分隔阴影的列表, 每个阴影由 2~4 个长度值、1 个可选的颜色值和 1 个可选的 inset 关键字来规定。省略长度的值是 0。

例 6-3

h-shadow 必需的，表示水平阴影的位置，允许负值。

v-shadow 必需的，表示垂直阴影的位置，允许负值。

blur 可选，表示模糊距离。

spread 可选，表示阴影的大小。

color 可选，表示阴影的颜色。

inset 可选，表示将外部阴影（outset）改为内部阴影。

代码如下：

```
<html><head><meta charset="utf-8"><title></title>
<style>
div
{   width:300px;
    height:100px;
    background-color: yellow;
    box-shadow: 10px 10px 5px #888888;
}
</style></head>
<body><div></div></body></html>
```

图 6-5　盒阴影

3. CSS3 边界图片

CSS3 的 border-image 属性允许指定一个图片作为边框。Internet Explore 不支持 border-image 属性。

例 6-4

【例 6-4】用图片作为边框（图 6-6）。

```
<!doctype html>
<html><head><meta charset="utf-8"><title></title>
<style>
div
{   border:15px solid transparent;
    width:250px;
    padding:10px 20px;
}
#round
{   -webkit-border-image:url(border.png)30 30 round;/* Safari 5 and older */
    -o-border-image:url(border.png)30 30 round; /* Opera */
    border-image:url(border.png)30 30 round;    /*图片边框向内的偏移量为 30 */
}
#stretch
{   -webkit-border-image:url(border.png)30 30 stretch;/* Safari 5 and older */
    -o-border-image:url(border.png)30 30 stretch; /* Opera */
    border-image:url(border.png)30 30 stretch;/*图片边框向内的偏移量为 30 */
}
</style></head>
<body><div id="round">这里，图像平铺(重复)来填充该区域。</div><br>
<div id="stretch">这里，图像被拉伸以填充该区域。</div>
<p>这是我们使用的图片素材：</p>
<img src="border.png" />
</body></html>
```

图 6-6 用图片作为边框

6.4.2 CSS3 背景

CSS3 中包含几个新的背景属性，提供更大背景元素控制，CSS3 新的背景属性，如表 6-2 所示。

表 6-2 CSS3 新的背景属性

顺序	说明	CSS
background-clip	规定背景的绘制区域	3
background-origin	规定背景图像的定位区域	3
background-size	规定背景图像的尺寸	3

1. background-image 属性

CSS3 中可以通过 background-image 属性添加背景图像。CSS3 允许添加多个背景图像，不同的背景图像用逗号隔开，所有的图像中显示在最顶端的为第一张。

```
#example1 {
    background-image: url(img_flwr.gif), url(paper.gif);
    background-position: right bottom, left top;
    background-repeat: no-repeat, repeat;
}
```

可以给不同的图像设置多个不同的属性。

```
#example1
{   background: url(img_flwr.gif)right bottom no-repeat, url(paper.gif)
left top repeat; }
```

【例 6-5】用 background-image 属性添加多个背景图像（图 6-7）。

例 6-5

```
<html><head><meta charset="utf-8"><title></title>
<style>
#example1 {
    background-image: url(1.png), url(background.jpg);
    background-position: right bottom, left top;
    background-repeat: no-repeat, repeat;
```

```
        padding: 15px;
}
</style></head>
<body>
<div id="example1">
<h1>网页设计</h1>
<p>CSS 用于控制网页的样式和布局。CSS3 是最新的 CSS 标准。CSS3 完全向后兼容,最重要的
CSS3 模块如下:选择器、盒模型、背景和边框、文字特效、2D/3D 转换、动画、多列布局、用户界面。</p>
<p>CSS3 中可以通过 background-image 属性添加背景图像。不同的背景图像和图像用逗号隔
开,所有的图像中显示在最顶端的为第一张。</p>
</div></body></html>
```

图 6-7   添加多张背景图像

2. background-size 属性

background-size 指定背景图像的大小。在 CSS3 以前,背景图像大小由图像的实际大小决
定。CSS3 中可以重新指定背景图片的大小,单位为像素或百分比大小,例如:

```
div
{    background:url(img_flwr.gif);
     background-size:80px 60px;
     background-repeat:no-repeat;
}
```

例 6-6

【例 6-6】伸展背景图像完全填充内容区域(图 6-8)。

```
<!doctype html>
<html><head><meta charset="utf-8"><title></title>
<style>
div
{    background:url(img_flwr.gif);
     background-size:100% 100%;
     background-repeat:no-repeat;
}
</style></head>
```

<body> background-size 指定背景
图像的大小。在 CSS3 以前,背景图像大小由图像的实际大
小决定。CSS3 中可以在不同的环境中重新指定背景图片的
大小,可以指定像素或百分比大小。
　　　　　　</body></html>

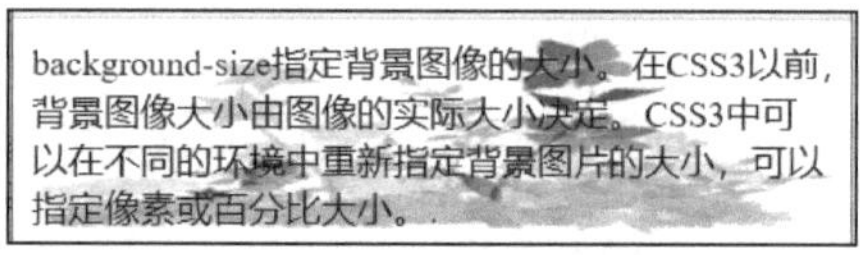

图 6-8   伸展背景图像

注意:background-size:100% 100% 把背景图进行横向和纵向的拉伸,图片比例随之改变,
可能导致图像失真。

3. background-origin 属性

background-origin 属性指定了背景图像的位置区域。content-box、padding-box 和 border-box 区域内可以放置背景图像（图 6-9）。

语法：background-origin: padding-box|border-box|content-box;

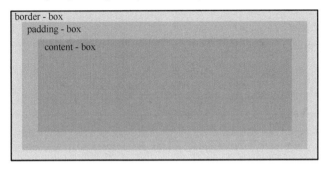

图 6-9　background-origin 属性

【例 6-7】设置背景图像的相对位置（图 6-10）。

例 6-7

```
<!doctype html>
<html><head><meta charset="utf-8"><title></title>
<style>
div
{   border:1px solid black;
    padding:35px;
    background-image:url('bullet.gif');
    background-repeat:no-repeat;
    background-position:left;
}
#div1{ background-origin:padding-box; }
#div2{ background-origin:content-box; }
</style></head>
<body><p>填充框的背景图像</p>
<div id="div1">background-origin 属性指定了背景图像的位置区域。content-box、
padding-box 和 border-box 区域内可以放置背景图像.</div>
    <p>内容框的背景图像</p>
    <div id="div2">background-origin 属性指定了背景图像的位置区域。content-box、
padding-box 和 border-box 区域内可以放置背景图像.</div>
    </body></html>
```

图 6-10　设置背景图像位置

4. background-clip 属性

CSS3 中 background-clip 背景剪裁属性是从指定位置开始剪裁的。例如：

```
<head><style>
#example1 {
    border: 10px dotted black;
    padding:35px;
    background: yellow;
}
#example2 {
    border: 10px dotted black;
    padding:35px;
    background: yellow;
    background-clip: padding-box;
}
#example3 {
    border: 10px dotted black;
    padding:35px;
    background: yellow;
    background-clip: content-box;
}
</style></head>
```

背景裁剪如图 6-11 所示。

图 6-11　背景裁剪

6.4.3　CSS3 图片

1. 圆角图片

【例 6-8】使用 border-radius 属性来创建圆角图片 (图 6-12)。

CSS 属性 border-radius 设置元素的外边框圆角。当使用一个半径时确定一个圆形，或当使用两个半径时确定一个椭圆，这个(椭)圆与边框的交集形成圆角效果。

```
<!doctype html>
<html><head><meta charset="utf-8"><title></title>
<style>
img{  border-radius: 8px; }
</style></head>
<body>
```

```
<p>使用 border-radius 属性来创建圆角图片：</p>
<img src="shilin3.jpg" alt="stone forest">
</body></html>
```

例 6-9

【例 6-9】 用 border-radius 属性来创建椭圆形图片(图 6-13)。

```
<!doctype html>
<html><head><meta charset="utf-8"><title></title>
<style>
img { border-radius: 50%;}
</style></head>
<body>
<p>使用 border-radius 属性来创建椭圆形图片：</p>
<img src=" shilin3.jpg" alt="stone forest" >
</body></html>
```

使用border-radius属性来创建圆角图片：

图 6-12　圆角图片

使用border-radius属性来创建椭圆形图片：

图 6-13　椭圆形图片

2. 响应式图片

响应式图片会自动适配各种尺寸的屏幕，通过重置浏览器大小查看效果。如果需要自由缩放图片，且图片放大的尺寸不大于其原始的最大值，则可使用以下代码：

```
img{
    max-width: 100%;
    height: auto;
}
```

例 6-10

【例 6-10】 创建响应式图片(图 6-14)。

```
<!doctype html>
<html><head><meta charset="utf-8"><title></title>
<style>
img {
    max-width: 100%;
    height: auto;
}
</style></head>
<body><p>响应式图片会自动适配各种尺寸的屏幕。</p>
<p>通过重置浏览器大小查看效果:</p>
<div><img src="trolltunga.jpg" alt="Norway" width="1000" height="300"></div>
</body></html>
```

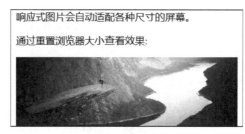
响应式图片会自动适配各种尺寸的屏幕。

通过重置浏览器大小查看效果：

图 6-14　响应式图片

3. 图片滤镜

CSS filter 属性用于为元素添加可视效果（如模糊与饱和度）。

CSS 语法为：

filter: none | blur() | brightness() | contrast() | drop-shadow() | grayscale() | hue-rotate() | invert() | opacity() | saturate() | sepia() | url();

例如，修改所有图片的颜色为黑白（100%灰度）：img { filter: grayscale(100%); }。

【例 6-11】CSS3 图片滤镜（图 6-15）。

例 6-11

```html
<!doctype html>
<html><head><meta charset="utf-8"><title></title>
<style>
img { width: 33%;  height: auto;  float: left;  max-width: 235px; }
.blur {-webkit-filter: blur(4px);filter: blur(4px);}
.brightness {-webkit-filter: brightness(250%);filter: brightness(250%);}
.contrast {-webkit-filter: contrast(180%);filter: contrast(180%);}
.grayscale {-webkit-filter: grayscale(100%);filter: grayscale(100%);}
.huerotate {-webkit-filter: hue-rotate(180deg);filter: hue-rotate(180deg);}
.invert {-webkit-filter: invert(100%);filter: invert(100%);}
.opacity {-webkit-filter: opacity(50%);filter: opacity(50%);}
.saturate {-webkit-filter: saturate(7); filter: saturate(7);}
.sepia {-webkit-filter: sepia(100%);filter: sepia(100%);}
.shadow {-webkit-filter: drop-shadow(8px 8px 10px green);filter:
drop-shadow(8px 8px 10px green);}
</style></head>
<body>
<p><strong>注意:</strong>Internet Explorer<span lang="no-bok">或 Safari
5.1（及更早版本）</span>不支持该属性。</p>
<img src="7.jpg" width="300" height="300">
<img class="blur" src="7.jpg" width="300" height="300">
<img class="brightness" src="7.jpg" width="300" height="300">
<img class="contrast" src="7.jpg" width="300" height="300">
<img class="grayscale" src="7.jpg" width="300" height="300">
<img class="huerotate" src="7.jpg" width="300" height="300">
<img class="invert" src="7.jpg" width="300" height="300">
<img class="opacity" src="7.jpg" width="300" height="300">
<img class="saturate" src="7.jpg" width="300" height="300">
<img class="sepia" src="7.jpg" width="300" height="300">
```

```
<img class="shadow" src="7.jpg" width="300" height="300">
</body></html>
```

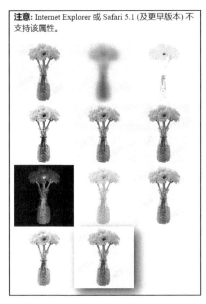

图 6-15　滤镜

6.4.4　CSS3 按钮

1. 按钮颜色

使用 background-color 属性设置按钮颜色。

【例 6-12】设置不同按钮颜色（图 6-16）。

例 6-12

```
<!doctype html>
<html><head><meta charset="utf-8"><title></title>
<style>
.button {
    background-color: #4CAF50;                          /* Green */
    border: none;  color: white;  padding: 15px 32px;
    text-align: center;  text-decoration: none;
    display: inline-block;  font-size: 16px;  margin: 4px 2px;  cursor:
pointer;
    }
.button2 {background-color: #008CBA;}                    /* Blue */
.button3 {background-color: #f44336;}                    /* Red */
.button4 {background-color: #e7e7e7; color: black;}      /* Gray */
.button5 {background-color: #555555;}                    /* Black */
</style></head>
<body>
<h2>按钮颜色</h2>
<p>使用 background-color 属性来设置按钮颜色:</p>
<button class="button">Green</button>
<button class="button button2">Blue</button>
```

```
<button class="button button3">Red</button>
<button class="button button4">Gray</button>
<button class="button button5">Black</button>
</body></html>
```

图 6-16　按钮颜色

2. 按钮大小

使用 font-size 属性设置按钮大小。

【例 6-13】设置按钮大小（图 6-17）。

```
<!doctype html>
<html><head><meta charset="utf-8"><title></title>
<style>
.button {
    background-color: #4CAF50; /* Green */
    border: none;  color: white;  padding: 15px 32px;
    text-align: center;  text-decoration: none; display: inline-block;
    font-size: 16px;   margin: 4px 2px;  cursor: pointer;
}
.button1 {font-size: 10px;}
.button2 {font-size: 12px;}
.button3 {font-size: 16px;}
.button4 {font-size: 20px;}
.button5 {font-size: 24px;}
</style>
</head><body>
<h2>按钮大小</h2>
<p>可以使用 font-size 属性来设置按钮大小:</p>
<button class="button button1">10px</button>
<button class="button button2">12px</button>
<button class="button button3">16px</button>
<button class="button button4">20px</button>
<button class="button button5">24px</button>
</body></html>
```

图 6-17　按钮大小

3. 圆角按钮

使用 border-radius 属性设置圆角按钮。

【例 6-14】设置圆角按钮(图 6-18)。

```
<!doctype html>
<html><head><meta charset="utf-8"><title></title>
<style>
.button {
    background-color: #4CAF50; /* Green */
    border: none;  color: white;  padding: 15px 32px;
    text-align: center;  text-decoration: none;
    display: inline-block; font-size: 16px; margin: 4px 2px; cursor: pointer;
}
.button1 {border-radius: 2px;}
.button2 {border-radius: 4px;}
.button3 {border-radius: 8px;}
.button4 {border-radius: 12px;}
.button5 {border-radius: 50%;}
</style>
</head><body>
<h2>圆角按钮</h2>
<p>可以使用 border-radius 属性来设置圆角按钮:</p>
<button class="button button1">2px</button>
<button class="button button2">4px</button>
<button class="button button3">8px</button>
<button class="button button4">12px</button>
<button class="button button5">50%</button>
</body></html>
```

圆角按钮

可以使用 border-radius 属性来设置圆角按钮:

2px 4px 8px 12px 50%

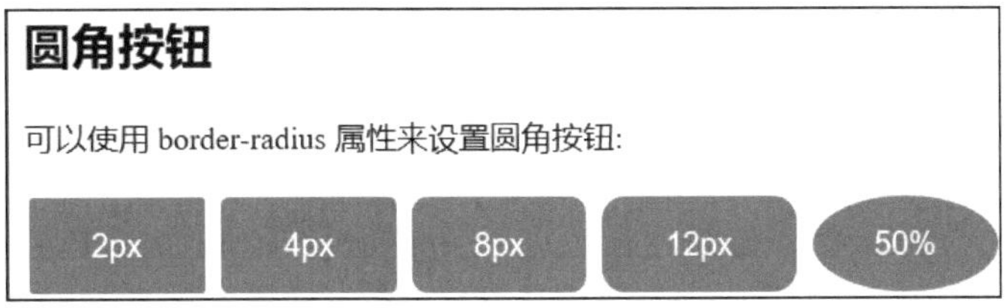

图 6-18 圆角按钮

4. 按钮边框颜色

使用 border 属性设置按钮边框颜色。

【例 6-15】设置按钮边框颜色(图 6-19)。

```
<!doctype html>
<html><head><meta charset="utf-8"><title></title>
<style>
.button {
    background-color: #4CAF50; /* Green */
    border: none;  color: white;  padding: 15px 32px;  text-align: center;
```

```
text-decoration: none;
        display: inline-block;   font-size: 16px;  margin: 4px 2px;  cursor:
pointer;
    }
    .button1 { background-color: white;  color: black;  border: 2px solid
#4CAF50; }
    .button2 { background-color: white;  color: black;  border: 2px solid
#008CBA; }
    .button3 { background-color: white;  color: black;  border: 2px solid
#f44336; }
    .button4 { background-color: white;  color: black;  border: 2px solid
#e7e7e7; }
    .button5 { background-color: white;  color: black;  border: 2px solid
#555555; }
    </style></head>
    <body><h2>按钮边框颜色</h2>
    <p>可以使用 border 属性设置按钮边框颜色：</p>
    <button class="button button1">Green</button>
    <button class="button button2">Blue</button>
    <button class="button button3">Red</button>
    <button class="button button4">Gray</button>
    <button class="button button5">Black</button>
    </body></html>
```

图 6-19　按钮边框颜色

5. 鼠标悬停按钮

使用:hover 选择器来修改鼠标悬停在按钮上的样式。

提示：可以使用 transition-duration 属性来设置 hover 效果的速度。

【例 6-16】设置鼠标悬停按钮（图 6-20）。

例 6-16

```
<!doctype html>
<html>
<head>
<meta charset="utf-8">
<title></title>
<style>
.button {
    background-color: #4CAF50;                   /* Green */
    border: none;  color: white;  padding: 16px 32px;
    text-align: center;  text-decoration: none;
    display: inline-block;   font-size: 16px;   margin: 4px 2px;
    -webkit-transition-duration: 0.4s;          /* Safari */
```

```
        transition-duration: 0.4s; cursor: pointer;
    }
    .button1 { background-color: white;  color: black;  border: 2px solid
#4CAF50;}
    .button1:hover { background-color: #4CAF50;  color: white;}
    .button2 { background-color: white;  color: black;  border: 2px solid
#008CBA;}
    .button2:hover { background-color: #008CBA;  color: white;}
    .button3 { background-color: white;  color: black;  border: 2px solid
#f44336;}
    .button3:hover { background-color: #f44336;  color: white;}
    .button4 { background-color: white;  color: black;  border: 2px solid
#e7e7e7;}
    .button4:hover {background-color: #e7e7e7;}
    .button5 { background-color: white;  color: black;  border: 2px solid
#555555;}
    .button5:hover { background-color: #555555;  color: white;}
</style></head>
<body>
<h2>鼠标悬停按钮</h2>
<p>可以使用 :hover 选择器来修改鼠标指针悬停在按钮上的样式。</p>
<p><strong>提示:</strong>可以使用<code>transition-duration</code>属性来设
置hover效果的速度:</p>
<button class="button button1">Green</button>
<button class="button button2">Blue</button>
<button class="button button3">Red</button>
<button class="button button4">Gray</button>
<button class="button button5">Black</button>
</body></html>
```

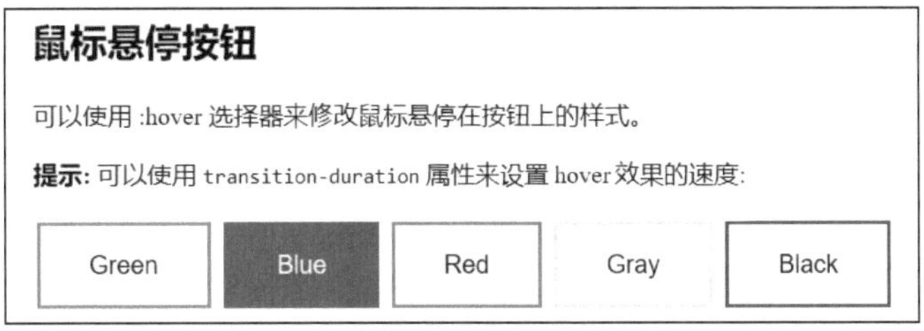

图 6-20　鼠标悬停按钮

6. 带边框按钮组

使用 border 属性和 float:left 来设置按钮组。

【例 6-17】设置带边框的按钮组(图 6-21)。

```
<!doctype html>
<html><head><meta charset="utf-8"><title></title>
<style>
.button {
background-color: #4CAF50; /* Green */
    border: 1px solid green;  color: white;  padding: 15px 32px;
    text-align: center;  text-decoration: none;  display: inline-block;
    font-size: 16px;  cursor: pointer;  float: left;
```

```
}
.button:hover {  background-color: #3e8e41; }
</style></head>
<body><h2>带边框按钮组</h2>
<p>Add borders to create a bordered button group:</p>
<button class="button">Button</button>
<button class="button">Button</button>
<button class="button">Button</button>
<button class="button">Button</button>
<p style="clear:both"><br>记住要清除浮动，否则下一个p元素的按钮也会显示在同一行。</p>
</body></html>
```

图 6-21　带边框按钮组

6.5　创建 CSS 样式

在 Dreamweaver 中，有外部样式表和内部样式表，它们的区别在于应用的范围和存放的位置。

(1)外部样式表：存储在一个单独的外部 CSS (.css)文件中的若干组 CSS 规则。此文件利用文档头部的链接或@import 规则链接到网站中的一个或多个页面。

(2)内部样式表：若干组包括在 HTML 文档头部的<style>标签中的 CSS 规则。

6.5.1　创建外部样式表

(1)选择"窗口"→"CSS 设计器"菜单项，打开"CSS 设计器"面板。在"源"窗格中单击"+"按钮，在弹出的列表中选择"创建新的 CSS 文件"选项(图 6-22)，打开"创建新的 CSS 文件"对话框(图 6-23)，单击"浏览"按钮。

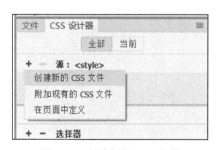

图 6-22　创建新的 CSS 文件

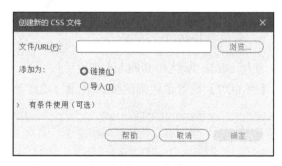

图 6-23　"创建新的 CSS 文件"对话框(一)

(2)打开"将样式表文件另存为"对话框，在"文件名"文本框中输入样式表文件的名称，单击"保存"按钮(图 6-24)。

(3)返回"创建新的 CSS 文件"对话框，单击"确定"按钮，即可创新一个新的外部 CSS 文件，此时，"CSS 设计器"面板的"源"窗格中将显示创建的 CSS 样式。

(4)完成 CSS 文件的创建后，在"CSS 设计器"面板的"选择器"窗格中单击"+"按钮，在显示的文本框中输入".类名"，如.aaa，按下回车键，即可定义一个类选择器(图 6-25)。

图 6-24　"将样式表文件另存为"对话框

图 6-25　定义一个类选择器

(5)在"CSS 设计器"面板的"属性"窗格中，取消"显示集"复选框的选中状态，可以为 CSS 样式设置属性声明(本章后面将详细讲解各 CSS 属性的功能)。

6.5.2　创建内部样式表

要在当前网页中创建一个内部样式表，步骤如下：

(1)在"CSS 设计器"面板的"源"窗格中单击"+"按钮，在弹出的列表中选择"在页面中定义"选项即可(图 6-22)。

(2)完成内部样式表的创建后，在"源"窗格中将自动创建一个名为<style>的源项目，在"选择器"窗格中单击"+"按钮，设置一个选择器，可以在"属性"窗格中设置 CSS 样式的属性声明(图 6-26)。

6.5.3　附加外部样式表

通过附加外部样式表的方式，可以将一个外部的 CSS 文件应用在多个网页中。

图 6-26　"属性"窗格

(1)打开"CSS 设计器"面板，单击"源"窗格中的"+"按钮，在弹出的列表中选择"附加现有的 CSS 文件"选项(图 6-22)。

(2)打开"使用现有的 CSS 文件"对话框，单击"浏览"按钮(图 6-27)。

①链接外部样式表指的是在客户端浏览网页时，先将外部的 CSS 文件加载到网页当中，然后进行编译显示，这种情况下显示出来的网页跟使用者预期的效果一样；

②导入外部样式表指的是客户端在浏览网页时，先将 HTML 结构呈现出来，再把外部

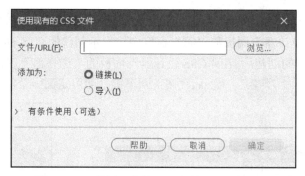

图 6-27　"使用现有的 CSS 文件"对话框(一)

CSS 文件加载到网页当中,这种情况下显示出的网页虽然效果与链接方式一样,但在网速较慢的环境下,浏览器会先显示没有 CSS 布局的网页。

两者在"代码"视图中使用的标记符如下:

```
<link href="style3.css" rel="stylesheet" type="text/css">
@import url("style3.css");
```

(3)打开"选择样式表文件"对话框(图 6-28),选择一个 CSS 样式表文件,单击"确定"按钮。

此时,"选择样式表文件"对话框中被选择的 CSS 文件将被附加至"CSS 设计器"面板的"源"窗格中(图 6-29)。

图 6-28　"选择样式表文件"对话框(一)

图 6-29　"源"窗格

6.5.4　CSS 样式的管理

1. 应用类样式

类样式可应用于网页中的任何标记符,但必须对要设置格式的对象执行套用操作,否则不会出现所设置的效果。

执行下列操作之一,可实现类样式的应用:

在页面上选择要应用样式的对象,如段落、列表等,然后在其 CSS"属性"面板的"目标规则"下拉列表框中选择相应的类名即可,如 aaa(图 6-30)。

例如，在"文档"窗口中选择一段文字，在 HTML"属性"面板上，从"类"下拉列表框中选择类名 mycss 即可见到样式的效果(图 6-31)。

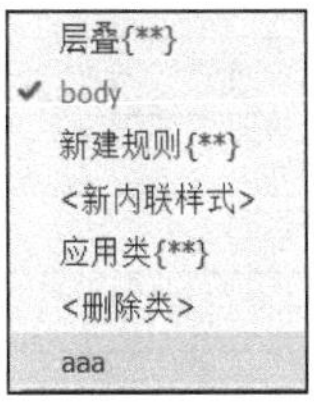

图 6-30 应用 CSS 样式 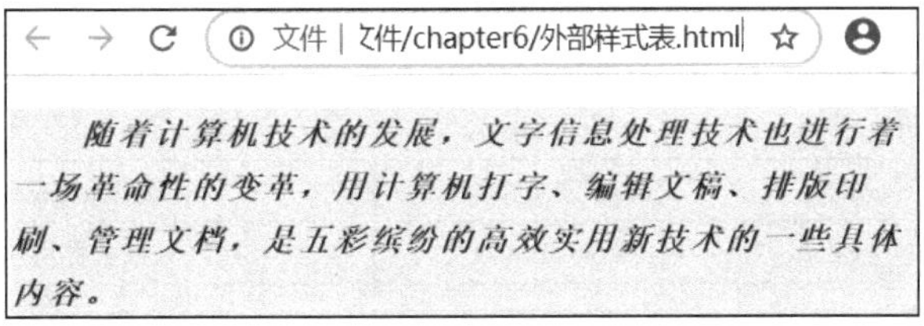   图 6-31 应用 CSS 样式效果

注意：与自定义类样式不同的是，HTML 标签样式，如<li>，一旦设置完毕，就会自动应用于页面所有用<li>标签定义的项目列表，不需要套用样式的操作(图 6-32)。

图 6-32 列表样式

2. 取消样式套用

若想取消对某一对象套用的样式，先选择要删除样式的对象，执行以下操作：在 CSS"属性"面板中，从"目标规则"下拉列表框中选择"删除类"选项。

3. 删除 CSS 样式

若要删除已定义的 CSS 样式，在"CSS 设计器"面板的"选择器"窗格中选择要删除的样式，如 mycss，按 Delete 键。

4. 编辑 CSS 样式

若要重新编辑已定义好的 CSS 样式，在"CSS 设计器"面板的"选择器"窗格中选择要编辑的样式，如 mycss，在"属性"窗格中，取消"显示集"复选框的选中状态，可以为 CSS 样式重新设置属性声明。

6.6   添加 CSS 选择器

CSS 选择器用于选择需要添加样式的元素。在 CSS 中有很多强大的选择器(表 6-3)，可以帮助用户灵活地选择页面元素。CSS 列指示该属性是在哪个 CSS 版本中定义的(CSS1、CSS2还是 CSS3)。

表 6-3   CSS 选择器

选择器	例子	说明	CSS
.class	.intro	选择 class="intro" 的所有元素	1
#id	#firstname	选择 id="firstname" 的所有元素	1
*	*	选择所有元素	2
element	p	选择所有 p 元素	1
element,element	div,p	选择所有 div 元素和所有 p 元素	1
element element	div p	选择 div 元素内部的所有 p 元素	1

选择器	例子	说明	CSS
elementelement	div>p	选择父元素为 div 元素的所有 p 元素	2
element+element	div+p	选择紧接在 div 元素之后的所有 p 元素	2
[attribute]	[target]	选择带有 target 属性的所有元素	2
[attribute=value]	[target="_blank"]	选择 target="_blank" 的所有元素	2
[attribute~=value]	[title~="flower"]	选择 title 属性值包含单词 flower 的所有元素	2
[attribute|=value]	[lang|="en"]	选择 lang 属性值以 en 开头的所有元素	2
:link	a:link	选择所有未被访问的链接	1
:visited	a:visited	选择所有已被访问的链接	1
:active	a:active	选择活动链接	1
:hover	a:hover	选择鼠标指针位于其上的链接	1
:focus	input:focus	选择获得焦点的 input 元素	2
:first-letter	p:first-letter	选择每个 p 元素的首字母	1
:first-line	p:first-line	选择每个 p 元素的首行	1
:first-child	p:first-child	选择属于父元素的第一个子元素的每个 p 元素	2
:before	p:before	在每个 p 元素的内容之前插入内容	2
:after	p:after	在每个 p 元素的内容之后插入内容	2
:lang(language)	p:lang(it)	选择带有以 it 开头的 lang 属性值的每个 p 元素	2
element1~element2	p~ul	选择前面有 p 元素的每个 ul 元素	3
[attribute^=value]	a[src^="https"]	选择其 src 属性值以 https 开头的每个 a 元素	3
[attribute$=value]	a[src$=".pdf"]	选择其 src 属性值以.pdf 结尾的所有 a 元素	3
[attribute*=value]	a[src*="abc"]	选择其 src 属性值中包含 abc 子串的每个 a 元素	3
:first-of-type	p:first-of-type	选择属于其父元素的首个<p>元素的每个 p 元素	3
:last-of-type	p:last-of-type	选择属于其父元素的最后<p>元素的每个 p 元素	3
:only-of-type	p:only-of-type	选择属于其父元素唯一的<p>元素的每个 p 元素	3
:only-child	p:only-child	选择属于其父元素的唯一子元素的每个 p 元素	3
:nth-child(n)	p:nth-child(2)	选择属于其父元素的第二个子元素的每个 p 元素	3
:nth-last-child(n)	p:nth-last-child(2)	同上，从最后一个子元素开始计数	3
:nth-of-type(n)	p:nth-of-type(2)	选择属于其父元素第二个 p 元素的每个 p 元素	3
:nth-last-of-type(n)	p:nth-last-of-type(2)	同上，但是从最后一个子元素开始计数	3
:last-child	p:last-child	选择属于其父元素最后一个子元素每个 p 元素	3
:root	:root	选择文档的根元素	3
:empty	p:empty	选择没有子元素的每个 p 元素(包括文本节点)	3
:target	#news:target	选择当前活动的 #news 元素	3
:enabled	input:enabled	选择每个启用的 input 元素	3
:disabled	input:disabled	选择每个禁用的 input 元素	3
:checked	input:checked	选择每个被选中的 input 元素	3
:not(selector)	:not(p)	选择非 p 元素的每个元素	3
::selection	::selection	选择被用户选取的元素部分	3

下面介绍在 Dreamweaver 中添加常用选择器的方法。

6.6.1 添加类选择器

在"CSS 设计器"面板的"选择器"窗格中单击"+"按钮,然后在显示的文本框中输入符号(.)和选择器的名称,即可创建一个类选择器。

类选择器用于选择指定类的所有元素。例如:

```
.font {
    color: #0000FF;
    font-family: "隶书";
}
```

【例 6-18】定义一个名为.font 的类选择器,设置其属性为文本颜色(蓝色)、文字字体(隶书)。

(1)在"CSS 设计器"面板的"源"窗格中单击"+"按钮,选择"在页面中定义"选项,再在"选择器"窗格中单击"+"按钮,添加一个选择器,设置其名称为.font。

(2)在"属性"窗格中,取消"显示集"复选框的选中状态,单击"文本"按钮 $\boxed{T}$,在显示的属性设置区域中单击 color 按钮 ◲,打开颜色选择器,文本框输入#0000FF(图 6-33),然后在页面空白处单击。单击 font-family 后面的"设置字体系列"按钮,从弹出的字体列表中选择"隶书"选项(图 6-34)。

例 6-18

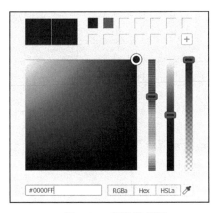

图 6-33 颜色选择器

图 6-34 创建类选择器

(3)选择页面中的文本,在 HTML 的"属性"面板中单击"类"下拉列表框中的下三角按钮,从弹出的列表中选择 font 选项(图 6-35),即可将选中文本的颜色设置为蓝色,字体设置为隶书,预览网页(图 6-36)。

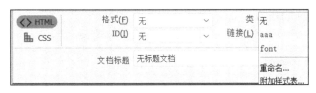

图 6-35 应用类样式

图 6-36 预览网页(一)

6.6.2 添加 ID 选择器

在"CSS 设计器"面板的"选择器"窗格中单击"+"按钮,然后在显示的文本框中输入符号(#)和选择器的名称,即可创建一个 ID 选择器。

ID 选择器用于选择具有指定 ID 属性的元素。例如：

```
#size {
    width: 200px;
    height: 100px;
}
```

例 6-19

【例 6-19】定义名为#size 的 ID 选择器，设置其属性为网页对象的大小。

(1)在"CSS 设计器"面板的"选择器"窗格中单击"+"按钮，添加一个选择器，设置其名称为#size。

(2)在"属性"窗格中，单击"布局"按钮 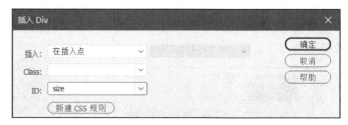，在显示的选项设置区域中将 width 设置为 200px，将 height 设置为 100px(图 6-37)。

(3)选择"插入"→Div 菜单项，打开"插入 Div"对话框(图 6-38)，在 ID 文本框中输入 size，单击"确定"按钮。

图 6-37　创建 ID 选择器

图 6-38　"插入 Div"对话框

(4)则在网页中插入一个宽 200px、高 100px 的<div>标签(图 6-39)。

注意：ID 选择器和类选择器最主要的区别是：ID 选择器不能重复使用，只能使用一次，一个 ID 只能用于一个标签对象，而类选择器可以重复使用，同一个类选择器可以定义在多个标签对象上，且一个标签可以定义多个类选择器。

图 6-39　插入 Div 标签

6.6.3　添加标签选择器

在"CSS 设计器"面板的"选择器"窗格中单击"+"按钮，然后在显示的文本框中输入一个标签，即可创建一个标签选择器。

标签选择器用于选择指定标签名称的所有元素。例如：

```
a {
    background-color: #98ebba;
}
```

例 6-20

【例 6-20】定义名为 a 的标签选择器，设置其属性给网页文本链接添加背景颜色。

(1)在"CSS 设计器"面板的"选择器"窗格中单击"+"按钮，添加一个选择器，设置其名称为 a。

(2)在"属性"窗格中，单击"背景"按钮 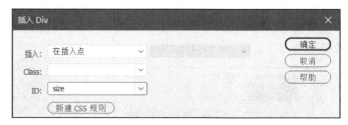，在显示的选项设置区域中单击 background-color 选项后的按钮，打开颜色选择器，选择一个背景颜色(图 6-40)。

(3) 按 F12 键预览网页，文本链接将添加背景颜色(图 6-41)。

图 6-40　创建标签选择器

http://www.sina.com

图 6-41　链接的背景颜色

6.6.4　添加通配符选择器

通配符指的是用于代替不确定字符的字符。因此通配符选择器是指对对象可以使用模糊指定的方式进行选择的选择器。CSS 通配符选择器可以使用"*"作为关键字。例如：

```
*  {
    width: 100px;
    height: 80px;
}
```

【例 6-21】定义通配符选择器。

(1) 在"CSS 设计器"面板的"选择器"窗格中单击"+"按钮，添加一个选择器，设置其名称为"*"。

(2) 在"属性"窗格中，将 width 设置为 150px，将 height 设置为 100px(图 6-42)。

(3) 选择"插入"→Image 和"插入"→Div 菜单项，插入一个图像和一个<div>标签(图 6-43)。

图 6-42　创建通配符选择器

图 6-43　预览网页(二)

例 6-21

6.6.5　添加分组选择器

CSS 样式表中具有相同样式的元素，就可以使用分组选择器，把所有元素组合在一起。元素之间用逗号分隔，这样只需定义一组 CSS 声明。例如：

```
h1, h2, h3, h4, h5, h6, p {
    color: #0000FF;
}
```

例 6-22

【例 6-22】 定义分组选择器，将页面中的 h1～h6 元素以及段落的颜色设置为蓝色。

（1）在"CSS 设计器"面板的"选择器"窗格中单击"+"按钮，添加一个选择器，设置其名称为 h1,h2,h3,h4,h5,h6,p。

（2）在"属性"窗格中，单击"文本"按钮⊤，将 color 设置为#0000FF（图 6-44）。

（3）在网页中输入 7 段文本，并为文本设置标题和段落标签，效果如图 6-45 所示。

```
<body>
<h1>这是标题 1</h1>
<h2>这是标题 2</h2>
<h3>这是标题 3</h3>
<h4>这是标题 4</h4>
<h5>这是标题 5</h5>
<h6>这是标题 6</h6>
<p>这是段落</p>
</body>
```

图 6-44 创建分组选择器

图 6-45 标题与段落

6.6.6 添加后代选择器

后代选择器用于选择指定元素内部的所有子元素。例如，在制作网页时不需要去掉网页中所有链接的下划线，而只要去掉所有列表链接的下划线，这里就可以用后代选择器。例如：

```
li a {
    text-decoration: none;
}
```

例 6-23

【例 6-23】 利用后代选择器去掉网页中所有列表链接的下划线。

（1）在"CSS 设计器"面板的"选择器"窗格中单击"+"按钮，添加一个选择器，设置其名称为 li a。

（2）在"属性"窗格中，单击"文本"按钮⊤，单击 text-decoration 选项后的 none 按钮◎（图 6-46）。

（3）在网页中先将两个段落设置为无序列表，再添加文字超链接，此时，所有列表的文本链接不再显示下划线（图 6-47）。

```
<ul>
<li><a href="http://www.sina.com.cn">新浪</a></li>
<li><a href="http://www.163.com">网易</a></li>
</ul>
```

图 6-46　创建后代选择器　　　　　　图 6-47　列表链接

6.6.7　添加伪类选择器

伪类选择器是一种特殊的类,由 CSS 自动支持,属于 CSS 的一种扩展类型和对象,其名称不能被用户自定义,在使用时必须按标准格式使用。例如:

```
a:visited {
    color: #FF0000;
}
```

表 6-4 列出了几个常用的伪类选择器及其说明。

表 6-4　常用的伪类选择器及其说明

选择器	例子	说明	CSS
:link	a:link	选择所有未被访问的链接	1
:visited	a:visited	选择所有已被访问的链接	1
:active	a:active	选择活动链接	1
:hover	a:hover	选择鼠标指针位于其上的链接	1
:focus	input:focus	选择获得焦点的 input 元素	2
:checked	input:checked	选择每个被选中的 input 元素	3
:enabled	input:enabled	选择每个启用的 input 元素	3
:disabled	input:disabled	选择每个禁用的 input 元素	3

【例 6-24】将网页中访问过的文本链接的颜色设置为红色。

(1)在"CSS 设计器"面板的"选择器"窗格中单击"+"按钮,添加一个选择器,设置其名称为 a:vistited。

(2)在"属性"窗格中,单击"文本"按钮 ，将 color 设置为#FF0000(图 6-48)。

例 6-24

6.6.8　添加伪元素选择器

CSS 伪元素选择器有许多独特的使用方法,可以实现一些有趣的页面效果,常用来添加一些选择器的特殊效果。例如:

图 6-48　创建伪类选择器

```
p:before {
    content: 2020 年;
}
```

表 6-5 列出了几个常用的伪元素选择器及其说明。

表 6-5 常用的伪元素选择器及其说明

选择器	说明
:first-letter	为某个元素中的文字的首字母或第一个字使用样式
:first-line	为某个元素的第一行文字使用样式
:before	在某个元素之前插入一些内容
:after	在某个元素之后插入一些内容
:selection	匹配元素中被用户选择或处于高亮状态的部分

例 6-25

【例 6-25】在网页中所有段落(第一段、第二段、第三段)之前添加文本"2020 年"。

(1)在"CSS 设计器"面板的"选择器"窗格中单击"+"按钮,添加一个选择器,设置其名称为 p:before。

(2)在"属性"窗格中,单击"更多"按钮 ,在显示的文本框中输入 content。

(3)按下回车键,在 content 文本框中输入以下文字:"2020 年"(图 6-49)。

(4)保存并预览网页(图 6-50)。

图 6-49　创建伪元素选择器

```
2020年第一段
2020年第二段
2020年第三段
```

图 6-50　预览网页(三)

使用:before 选择器结合其他选择器,还可以实现各种不同效果。例如:

```
li {
    list-style: none;
}
li:before {
    content: "*";
}
```

例 6-26

【例 6-26】去掉列表前的小圆点,并添加一个自定义的符号。

(1)在"CSS 设计器"面板的"选择器"窗格中单击"+"按钮,添加一个名为 li 的选择器。

(2)在"属性"窗格中,单击"更多"按钮 ,在显示的文本框中输入 list-style。

(3)按下回车键,在该选项后的参数栏中选择 none 选项(图 6-51),此时列表前的小圆点就去掉了。

(4)"选择器"窗格中单击"+"按钮,添加一个名为 li:before 的选择器。

(5)在"属性"窗格中,单击"更多"按钮 ,在显示的文本框中输入 content,并在其后的文本框中输入"*"(图 6-52)。

(6)保存并预览网页(图 6-53)。注意:预览网页时才能看到效果。

图 6-51　设置 list-style 参数　　　　　图 6-52　设置 content 参数

图 6-53　预览网页(四)

6.7　编辑 CSS 样式

使用 CSS 设计器的"属性"面板可以为 CSS 设置丰富的样式，包括文字样式、背景样式和边框样式等各种常见效果，这些样式决定了页面中的文字、列表、背景、表单、图片和光标等各种元素。

在制作网页时，如果用户需要对页面中具体对象上应用的 CSS 样式效果进行编辑，可以在 CSS "属性"面板的"目标规则"下拉列表框中选择需要编辑的选择器，单击"编辑规则"按钮(图 6-54)，打开"CSS 规则定义"对话框进行设置。

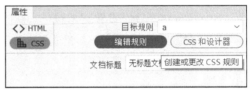

图 6-54　CSS "属性"面板

6.7.1　CSS 类型设置

"类型"类别可定义 CSS 样式的基本字体和类型设置，主要是网页中文字的字体、字号、颜色等(图 6-55)。

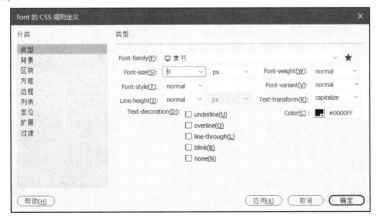

图 6-55　CSS 类型设置

"类型"面板包括以下几种 CSS 属性。

(1)Font-family(字体)：为样式设置字体。

(2)Font-size(大小)：定义文本大小。可以通过选择数字和度量单位选择特定的大小，也可以选择相对大小。

(3)Font-style(样式)：将 normal(正常)、italic(斜体)或 oblique(偏斜体)指定为字体样式。默认设置是 normal(正常)。

(4)Line-height(行高)：设置文本所在行的高度。选择 normal(正常)选项自动计算字体大小的行高，或输入一个确切的值并选择一种度量单位。

(5)Text-decoration(修饰)：向文本中添加下划线(underline)、上划线(overline)或删除线(line-through)，或使文本闪烁(blink)。常规文本的默认设置是 none(无)。链接的默认设置是 underline(下划线)。将链接设置设为 none(无)时，可以通过定义一个特殊的类删除链接中的下划线。

(6)Font-weight(粗细)：对字体应用特定或相对的粗体量。normal(正常)等于 400；"bold(粗体)"等于 700。

(7)Font-variant(变体)：设置文本的小型大写字母变量。Dreamweaver 不在"文档"窗口中显示该属性。Internet Explorer 支持变体属性，但 Navigator 不支持。

(8)Text-transform(大小写)：将所选内容中的每个单词的首字母大写，或将文本设置为全部大写或小写，包括 capitalize(首字母大写)、uppercase(大写)、lowercase(小写)、none(无)4个选项。

(9)Color(颜色)：设置文本颜色。

设置完这些选项后，在"类型"面板左侧选择另一个 CSS 类别以设置其他的样式属性，或单击"确定"按钮。

6.7.2　CSS 背景设置

"背景"类别用于定义 CSS 样式的背景设置。可以对 Web 页面中的任何元素应用背景属性。例如，创建一个样式，将背景颜色或背景图像添加到任何页面元素中，如在文本、表格、页面等的后面(图 6-56)。

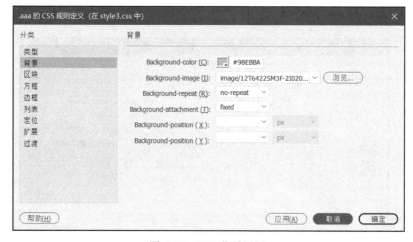

图 6-56　CSS 背景设置

"背景"面板包括以下几种 CSS 属性。

（1）Background-color（背景颜色）：设置元素的背景颜色。

（2）Background-image（背景图像）：设置元素的背景图像。

（3）Background-repeat（重复）：确定是否以及如何重复背景图像。

①no-repeat（不重复）：只在元素开始处显示一次图像。

②repeat（重复）：在元素的后面水平和垂直平铺图像。

③repeat-x（横向重复）和 repeat-y（纵向重复）：分别显示图像的水平带区和垂直带区。图像被剪辑以适合元素的边界。

（4）Background-attachment（附件）：确定背景图像是固定在它的原始位置还是随内容一起滚动。注意：某些浏览器可能将 fixed（固定）视为 scroll（滚动）。

（5）Background-position（水平位置）和 Background-position（垂直位置）：指定背景图像相对于元素的初始位置。这可以用于将背景图像与页面中心垂直和水平对齐。Background-position 包括 left、center、right、（值）。Background-position 包括 top、center、bottom、（值）。如果附件属性为 fixed（固定），则位置相对于"文档"窗口而不是元素。

6.7.3 CSS 区块设置

"区块"类别用于控制网页中块元素的间距、对齐方式和文字缩进等属性。块元素可以是文本、图像、层等（图 6-57）。

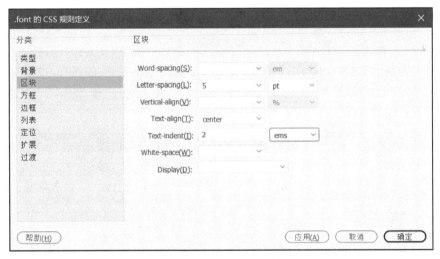

图 6-57　CSS 区块设置

"区块"面板包括以下几种 CSS 属性。

（1）Word-spacing（单词间距）：设置单词的间距。若要设置特定的值，则在弹出的菜单中选择"值"选项，然后输入一个数值。在第二个弹出的菜单中，选择度量单位（如像素、点等）。Dreamweaver 不在"文档"窗口中显示该属性。

（2）Letter-spacing（字母间距）：增加或减小字母或字符的间距。若要减小字符间距，则指定一个负值（如–4）。字母间距设置覆盖对齐的文本设置。

（3）Vertical-align（垂直对齐方式）：指定应用它的元素的垂直对齐方式。仅当应用于 <img> 标签时，Dreamweaver 才在"文档"窗口中显示该属性。

（4）Text-align（文本对齐）：设置元素中的文本对齐方式。

（5）Text-indent（文本缩进）：指定第一行文本缩进的程度。

（6）White-space（空白）：确定如何处理元素中的空白。其有三个取值：normal（正常）、pre（保留）、nowrap（不换行），Dreamweaver 不在文档窗口中显示该属性。

（7）Display（显示）：指定是否以及如何显示元素。none（无）关闭应用此属性的元素的显示。

6.7.4　CSS 方框设置

块元素可看成包含在盒子中，这个盒子分成 4 部分（图 6-58）。

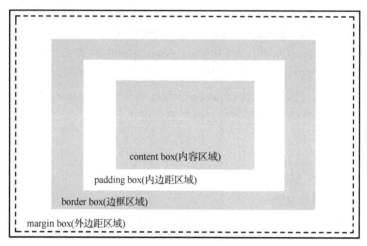

图 6-58　CSS 盒模型示意图

"方框"类别用于控制网页中块元素的宽、高、填充、外边距等（图 6-59）。可以在应用填充和边距设置时将方框设置应用于元素的各个边，也可以使用"全部相同"复选框将相同的设置应用于元素的所有边。

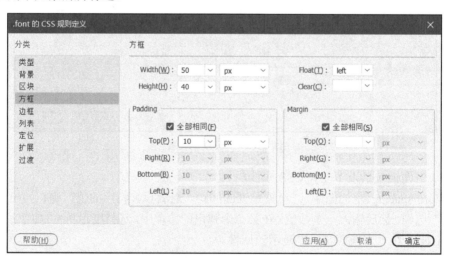

图 6-59　CSS 方框设置

"方框"面板包括以下几种 CSS 属性。

（1）Width（宽）和 Height（高）：设置元素的宽度和高度。

(2) Float (浮动)：设置元素(如图像、文本、层、表格等)在哪个方向浮动，取值为 left、right、none、inherit。在 CSS 中，任何元素都可以浮动。浮动元素会生成一个块级框。

(3) Clear (清除)：规定在元素的哪一侧不允许有其他浮动元素，取值为 left、right、both、none、inherit。例如：

```
img
{float:left;
 clear:both
 }
```

表示在图像的左侧和右侧均不允许出现浮动元素。

(4) Padding (填充)：指定元素内容与元素边框之间的间距(如果没有边框，则为边距)。取消选择"全部相同"复选框可设置元素各个边的填充。

(5) 全部相同：为应用此属性的元素的 Top (上)、Right (右)、Bottom (下) 和 Left (左) 侧设置相同的填充属性。

(6) Margin (边界)：指定一个元素的边框与另一个元素之间的间距(如果没有边框，则为填充)。仅当应用于块元素(段落、标题、列表等)时，Dreamweaver 才在"文档"窗口中显示该属性。取消选择"全部相同"复选框可设置元素各个边的边距。

(7) 全部相同：为应用此属性的元素的 Top (上)、Right (右)、Bottom (下) 和 Left (左) 侧设置相同的边距属性。

6.7.5　CSS 边框设置

"边框"类别可以定义元素周围的边框的设置，如宽度、颜色和样式(图 6-60)。

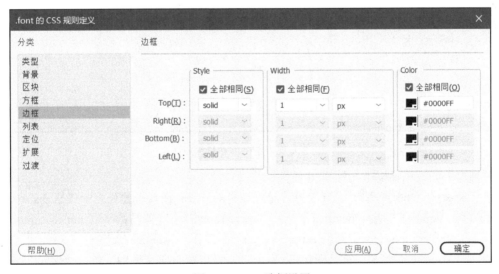

图 6-60　CSS 边框设置

"边框"面板包括以下几种 CSS 属性。

(1) Style (样式)：设置边框的样式外观。其下拉列表中包括 none (无)、dotted (点画线)、dashed (虚线)、solid (实线)、double (双线)、groove (槽状)、ridge (脊状)、inset (凹陷)、outset (凸出) 9 个选项。取消选择"全部相同"复选框可设置元素各个边的边框样式。

(2)全部相同：为应用此属性的元素的 Top（上）、Right（右）、Bottom（下）和 Left（左）侧设置相同的边框样式属性。

(3)Width（宽度）：设置元素边框的粗细。两种浏览器都支持宽度属性。取消选择"全部相同"复选框可设置元素各个边的边框宽度。

(4)全部相同：为应用此属性的元素的 Top（上）、Right（右）、Bottom（下）和 Left（左）侧设置相同的边框宽度。

(5)Color（颜色）：设置边框的颜色。可以分别设置每条边的颜色，但显示方式取决于浏览器。取消选择"全部相同"复选框可设置元素各个边的边框颜色。

(6)全部相同：为应用此属性的元素的 Top（上）、Right（右）、Bottom（下）和 Left（左）侧设置相同的边框颜色。

6.7.6　CSS 列表设置

"列表"类别为列表标签定义列表设置，如项目符号大小和类型（图 6-61）。

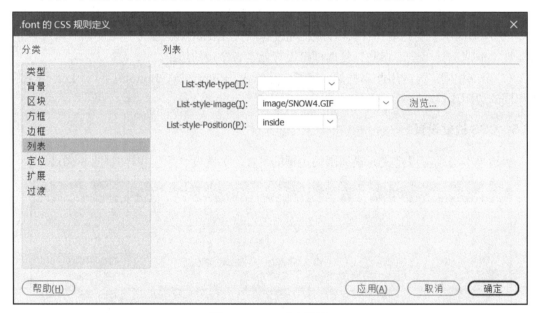

图 6-61　CSS 列表设置

"列表"面板包括以下几种 CSS 属性。

(1)List-style-type（类型）：设置项目符号或编号的外观。在其下拉列表中包括 disc（圆点）、circle（圆圈）、square（方块）、decimal（数字）、lower-roman（小写罗马数字）、upper-roman（大字罗马数字）、lower-alpha（小写字母）、upper-alpha（大字字母）和 none（无）9 个选项。

(2)List-style-image（项目符号图像）：为项目符号指定自定义图像。单击"浏览"按钮通过浏览选择图像，或输入图像的路径。

(3)List-style-Position（位置）：设置列表的位置，包括 inside（内）和 outside（外）两个选项。

6.7.7　CSS 定位设置

"定位"类别用于精确控制网页元素的位置，主要针对层的位置进行控制（图 6-62）。

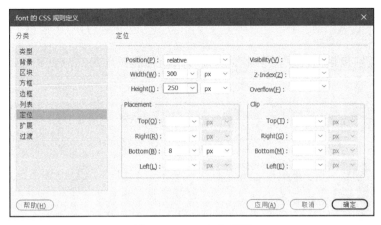

图 6-62　CSS 定位设置

"定位"面板包括以下几种 CSS 属性。

(1) Position(位置)：确定浏览器应如何来定位层，具体如下。

①absolute(绝对)：以页面左上角为坐标原点，使用"定位"文本框中输入的坐标值来放置层。

②fixed(固定)：以页面左上角为坐标原点放置内容，当用户滚动页面时，内容将在此位置保持固定。

③relative(相对)：以对象在文档中的位置为坐标原点，使用"定位"文本框中输入的坐标值来放置层。该选项不显示在"文档"窗口中。

④static(静态)：以对象在文档中的位置为坐标原点，将层放在它在文本中的位置。

(2) Visibility(可见性)：确定层的初始显示条件。如果不指定可见性属性，默认多数浏览器都继承父级的值。选择以下可见性选项之一。

①inherit(继承)：继承父级层的可见性属性。如果层没有父级，则它将是可见的。

②visible(可见)：显示这些层的内容，而不管父级的值是什么。

③hidden(隐藏)：隐藏这些层的内容，而不管父级的值是什么。

(3) Width 宽：设置元素的宽。

(4) Height(高)：设置元素的高。

(5) Z-Index(Z 轴)：确定层的堆叠顺序，为元素设置重叠效果。编号较高的层显示在编号较低的层的上面。值可以为正，也可为负。

(6) Overflow(溢出)：确定当层的内容超出层的大小时的处理方式。这些属性按以下方式控制层的扩展。

①visible(可见)：增加层的大小，以使其所有内容都可见。层向右下方扩展。

②hidden(隐藏)：保持层的大小并剪辑任何超出的内容。不提供任何滚动条。

③scroll(滚动)：在层中添加滚动条，不论内容是否超出层的大小。明确提供滚动条可避免由滚动条在动态环境中出现和消失所引起的混乱。

④auto(自动)：使滚动条仅在层的内容超出层的边界时才出现。

(7) Placement(置入)：指定层的位置和大小。如果层的内容超出指定的大小，则大小值被覆盖。位置和大小的默认单位是像素。

(8) Clip(剪切)：定义层的可见部分。

6.7.8 CSS 扩展设置

"扩展"类别包括为网页元素添加滤镜效果、控制打印时的分页和控制鼠标指针形状（图 6-63）。

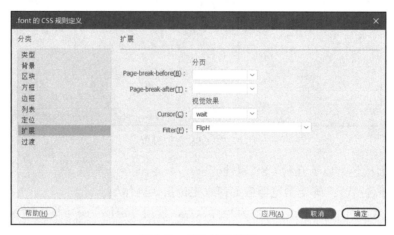

图 6-63 CSS 扩展设置

"扩展"面板包括以下几种 CSS 属性。

（1）Page-break-before（之前分页）和 Page-break-after（之后分页）：在打印期间，在样式所控制的对象之前或者之后强行分页。在弹出的菜单中选择要设置的选项。

（2）Cursor（光标）：当指针位于样式所控制的对象上时改变指针图像。在弹出的菜单中选择要设置的选项。

（3）Filter（滤镜）：对样式所控制的对象应用特殊效果（包括模糊和反转），常用的对象有图形、表格、层等。在弹出的菜单中选择一种效果。

6.7.9 CSS 过渡设置

"过渡"类别包括所有可动画属性（图 6-64）。

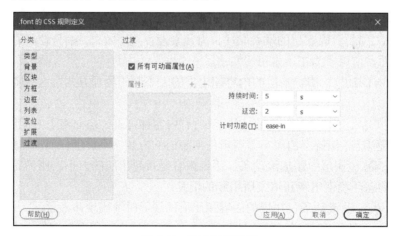

图 6-64 CSS 过渡设置

"过渡"面板包括以下几种 CSS 属性。

(1)属性：单击"+"按钮以向过渡效果添加 CSS 属性。

(2)持续时间：以秒(s)或毫秒(ms)为单位输入过渡效果的持续时间。

(3)延迟：时间，以秒或毫秒为单位，在过渡效果开始之前。

(4)计时功能：从可用选项中选择过渡效果样式。

6.8 CSS 样式应用实例

6.8.1 CSS 样式实例 1

【例 6-27】新建两个诗词网页，用外部样式表统一两个页面的外观(图 6-65)。

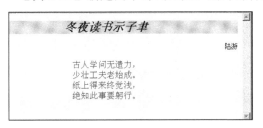
(a)页面一

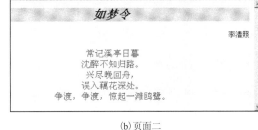
(b)页面二

例 6-27

图 6-65 页面的外观

创建外部样式表文件 style.css，在其中新建.title、.author、.content、body 四个样式，然后为每首诗词的标题、作者、正文分别套用.title、.author、.content 样式。

新建站点，新建两个网页：冬夜读书示子聿.htm 和如梦令.htm，并分别输入诗词文字。

(1)创建新的 CSS 文件。

①在"CSS 设计器"面板的"源"窗格，单击"+"按钮，从弹出的列表中选择"创建新的 CSS 文件"选项。

②在打开的"将样式表文件另存为"对话框中，输入文件名 style，单击"保存"按钮，返回"创建新的 CSS 文件"对话框(图 6-66)，单击"确定"按钮。

(2)创建 body 标签选择器。

①在"CSS 设计器"面板的"选择器"窗格中单击"+"按钮，在显示的文本框中输入 body，即可定义一个标签选择器。

②单击"背景"按钮，将 background-color 设置为#F0F8FF(图 6-67)。

图 6-66 "创建新的 CSS 文件"对话框(二)

图 6-67 设置 body 标签样式

（3）创建.title 类样式。

①在"CSS 设计器"面板的"选择器"窗格中单击"+"按钮，在显示的文本框中输入.title，即可定义一个类选择器。

②在"CSS 设计器"面板的"属性"窗格中，单击"文本"按钮 T，将 font-family 设置为楷体_GB2313，font-style 设置为 italic，font-weight 设置为 bolder，font-size 设置为 24px，text-align 为 center（图 6-68）。

③单击"背景"按钮，将 background-image 的 url 设置为 background.jpg。.title 的背景属性设置如图 6-69 所示。

图 6-68　.title 的文本属性

图 6-69　.title 的背景属性

（4）创建.author 类样式。

①在"CSS 设计器"面板的"选择器"窗格中单击"+"按钮，在显示的文本框中输入.author，即可定义一个类选择器。

②在"CSS 设计器"面板的"属性"窗格中，单击"文本"按钮 T，设置 color 为 #00008b，font-family 为隶书，font-style 为 normal，font-size 为 14px，text-align 为 right。.author 的文本属性设置如图 6-70 所示。

（5）创建.content 类样式。

①在"CSS 设计器"面板的"选择器"窗格中单击"+"按钮，在显示的文本框中输入.content，即可定义一个类选择器。

②在"CSS 设计器"面板的"属性"窗格中，单击"文本"按钮 T，设置 color 为#990000，font-size 为 larger，text-align 为 center。.content 的文本属性设置如图 6-71 所示。

图 6-70　.author 的文本属性

图 6-71　.content 的文本属性

(6)打开"冬夜读书示子聿.htm"网页，分别为标题、作者、正文应用相应的样式。

①选择标题，在状态栏选择相应的<p>，从 HTML 的"属性"面板的"类"下拉列表框中选择 title 选项(图 6-72)。

②选择作者，在状态栏选择相应的<p>，从 HTML 的"属性"面板的"类"下拉列表框中选择 author 选项。

③选择正文，在状态栏选择相应的<p>，从 HTML 的"属性"面板的"类"下拉列表框中选择 content 选项。

(7)链接外部样式表到"如梦令.html"网页。

①打开"如梦令.html"网页，在"CSS 设计器"面板的"源"窗格，单击"+"按钮，从弹出的列表中选择"附加现有的 CSS 文件"选项(图 6-73)，打开"使用现有的 CSS 文件"对话框，单击"浏览"按钮，打开"选择样式表文件"对话框，选择 style.css 文件，单击"确定"按钮(图 6-74)。

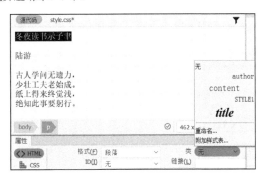

图 6-72　应用 title 样式

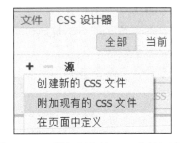

图 6-73　"附加现有的 CSS 文件"选项

图 6-74　"选择样式表文件"对话框(二)

②回到"使用现有的 CSS 文件"对话框(图 6-75)，单击"确定"按钮。在"CSS 设计器"面板上，出现外部样式表文件 style.css 及其选择器(图 6-76)。

图 6-75　"使用现有的 CSS 文件"对话框(二)　　　图 6-76　　"CSS 设计器"面板

③选择标题，在状态栏选中相应的<p>，从 HTML 的"属性"面板的"类"下拉列表框中选择 title 选项。

④选择作者，在状态栏选中相应的<p>，从 HTML 的"属性"面板的"类"下拉列表框中选择 author 选项。

⑤选择正文，在状态栏选中相应的<p>，从 HTML 的"属性"面板的"类"下拉列表框中选择 content 选项。

保存并预览网页。style.css 的代码如下：

```css
.title{
    font-family: "楷体_GB2312";
    text-align: center;
    background-image: url(background.jpg);
    font-size: 24px;
    font-style: italic;
    font-weight: bolder;
}
.author{
    font-family: "隶书";
    text-align: right;
    color: #00008b;
    font-size: 14px;
    font-style: normal;
}
.content{
    font-size: larger;
    text-align: center;
    color: #990000;
}
body {
background-color: #F0F8FF;
}
```

6.8.2　CSS 样式实例 2

【例 6-28】用 CSS 样式格式化网页，如文字、列表、边框、超链接、背景等，并实现首字下沉的效果(图 6-77)。

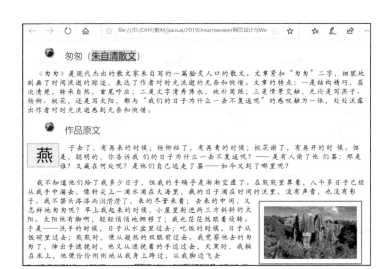

图 6-77 CSS 综合实例

(1) 新建与编辑网页。

新建一个网页，并输入文字、插入图片、列表、超链接等。

(2) 在页面中定义 CSS 样式。

在"代码"视图中，输入以下 CSS 样式代码：

例 6-28

```
<head>
<meta charset="utf-8">
<title>无标题文档</title>
<style>
.yan {
    float: left;
    height: 50px;
    width: 50px;
    font-size: 36px;
    padding-right: 20px;
    background-color: #CFEEF2;
    border-width: 1px;
    border-style: dotted;
}
body {
    background-image: url(bg.gif);
}
.font {
    border-style: none;
    font-family: "华文楷体";
    font-style: normal;
    font-size: 16px;
    letter-spacing: 2px;
    line-height: 20px;
}
li {
    color: #CA3134;
    font-style: normal;
    font-size: 20px;
```

```
            list-style-image: url(bullet.gif);
            list-style-position: inside;
        }
        .pic {
            border: 2px solid #5B57E2;
            margin-top: 10px;
            margin-right: 10px;
            margin-left: 10px;
            margin-bottom: 10px;
            padding-top: 10px;
            padding-right: 10px;
            padding-left: 10px;
            padding-bottom: 10px;
            float: right;
        }
        a:link {
            text-decoration: none;
        }
        a:hover {
            background-color: #E8CE9A;
            text-decoration: underline;
        }
        p {
            text-indent: 20px;
        }
    </style>
</head>
```

注意：每行的段落首行缩进，可通过设置标签 p 的样式（文本缩进）来完成。页面的背景图像通过设置标签 body 的样式（背景图）完成。图像与文字的环绕方式通过.pic 样式来设置。

（3）应用 CSS 样式到不同网页元素。

选择文字，从 HTML "属性"面板的"类"下拉列表框中选择 font 选项，同理，将类 pic 应用于图片，将类 yan 应用于"燕"字，其他标签样式、伪类样式将自动套用。.yan 样式定义一个浮动在左的方框，以产生首字下沉的效果。

最后保存、预览网页。

6.8.3　CSS 样式实例 3

【例 6-29】制作层叠效果的文字及图片。

利用 Div+CSS 实现网页布局，文字"相见欢"有 3 个层相互叠加，产生阴影字效果，背景色有 3 个层相互叠加，作者 1 个层，正文 1 个层，共 8 个层（图 6-78）。

图 6-78　Div+CSS 布局

(1) 在页面中定义 CSS 样式。

在"代码"视图，在网页头部的<style>与</style>之间输入 8 个类样式的定义：

```
<head>
<meta charset="utf-8">
<title>无标题文档</title>
<style>
.block1 {
    background-color: #777744;
    position: absolute;
    z-index: 1;
    top: 20px;
    width: 400px;
    left: 30px;
    height: 50px;
    visibility: visible;
}
.block2 {
    background-color: #7777aa;
    position: absolute;
    z-index: 2;
    width: 450px;
    left: 80px;
    top: 35px;
    height: 50px;
    visibility: visible;
}
.block3 {
    background-color: #7777ff;
    position: absolute;
    z-index: 3;
    width: 400px;
    left: 180px;
    top: 50px;
    height: 50px;
    visibility: visible;
}
.title1 {
    font-size: 66px;
    position: absolute;
    z-index: 4;
    left: 300px;
    top: 20px;
    color: #FFFFFF;
    visibility: visible;
}
.title2 {
    font-size: 66px;
```

```
        color: #000000;
        position: absolute;
        z-index: 5;
        left: 303px;
        top: 23px;
        visibility: visible;
    }
    .title3 {
        font-size: 66px;
        color: #444444;
        position: absolute;
        left: 306px;
        top: 26px;
        z-index: 6;
        visibility: visible;
    }
    .author {
        font-size: 12px;
        color: #ff0000;
        position: absolute;
        left: 30px;
        top: 100px;
        z-index: 7;
        letter-spacing: 1cm;
        visibility: visible;
    }
    .content {
        font-size: 18px;
        color: #007fff;
        position: absolute;
        z-index: 8;
        left: 50px;
        top: 200px;
        text-indent: 20px;
        text-align: justify;
        visibility: visible;
        width: 650px;
    }
    </style>
    </head>
```

(2)应用 CSS 样式到 Div。

在"代码"视图，在<body>与</body>之间输入以下代码：

```
<body>
<div class="block1"></div>
<div class="block2"></div>
<div class="block3"></div>
<div class="author">李煜</div>
<div class="content">林花谢了春红，太匆匆。无奈朝来寒雨晚来风。胭脂泪，留人醉，几
```

时重？自是人生长恨水常东。</div>
```
    <div class="title1">相见欢</div>
    <div class="title2">相见欢</div>
    <div class="title3">相见欢</div>
    </body>
```

最后保存、预览网页。

习 题 6

1. 在一个站点下新建若干网页(图 6-79)，创建外部样式表文件，在其中新建样式，设置文字、边框、背景、超链接的 CSS 属性，利用外部样式表文件统一多个网页的风格与外观。

(a) 介绍页面

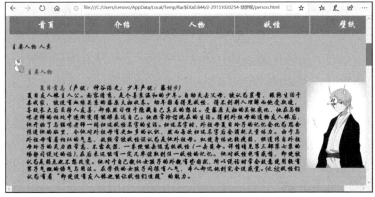

(b) 人物页面

图 6-79 新建若干网页

2. 新建外部样式表，实现超链接未访问过、访问过、鼠标指针悬停和被激活(按下鼠标左键)4 种状态的不同样式。在同一网站的不同网页上链接该外部样式表，统一超链接的外观。

3. 自定义一个外部样式表，链接此外部样式表文件，统一一个网站中不同页面的背景图像、文字格式、超链接样式、图像边框、项目列表图片、首行缩进 2 个字符、文字行距等。

第7章 网页布局和排版

7.1 网页布局概述

当我们轻点鼠标，在网海中遨游，一副副精彩的网页会呈现在我们面前，那么，网页精彩与否的因素是什么呢？除了色彩的搭配、文字的变化、图片的处理等因素，还有一个非常重要的因素——网页的布局(图7-1)。

图 7-1 网页布局实例

学习本章之前，我们所设计的网页只能从上至下、从左至右进行排版。这种直线式的版面布局不适合网页设计。为了设计出能吸引用户浏览的网页，在设计网页之前，要对网页进行合理布局。网页布局就是给将要出现在网页中的所有元素进行定位。例如，将网页的标志放在左上角的位置，在网页顶部居中的位置放置网页的标题或一些新闻提要等。导航栏可以放在网页的左边或上边。版权声明和联系信息通常出现在网页的底部居中的位置等。

网页页面的版面布局是不可忽视的。它很重要的一个原则是合理地运用空间，让网页疏密有致、井井有条，留下必要的空白。版面布局一般遵循的原则是：突出重点、平衡和谐，将网站标志、主菜单等最重要的模块放在最显眼、最突出的位置。同时还要注意其他页面与首页的风格一致性，要有返回首页的链接。

Dreamweaver 为设计页面的布局提供了很大的灵活性。Dreamweaver 常见网页布局方法如下。

(1)表格布局。

表格主要有三个元素：行、列及单元格，而且表格还可以嵌套，嵌套最好不要超过 3 层。

(2)Dreamweaver 模板。

Dreamweaver 模板可以方便地将可重新使用的内容和页面设计应用于站点。设计者可以基于 Dreamweaver 模板创建新的页面，然后在模板更改时自动更新这些页面的布局。

（3）Div+CSS 结构的布局。

目前主流的网页设计架构大多为 Div+CSS 结构，与传统的通过表格布局定位的方式不同，它可以实现网页页面内容与表现相分离。Div+CSS 区别于传统的表格定位的形式，采用以块为结构的定位形式，用最简洁的代码实现精准的定位，方便维护人员的修改和维护。

注意：

（1）网页布局就是给将要出现在网页中的所有元素进行定位。

（2）网页的具体布局还与网页内容、网页风格、网页大小等因素有关。

（3）要灵活运用表格、层、CSS 样式表、模板、Spry 框架等来设置网页的版面。

（4）为保持网站的整体风格，建议首先制作有代表性的一页，将页面的结构、图片的位置、链接的方式统统设计周全，如 Logo 图片、网页标题、导航栏、返回首页的链接、E-mail 地址、版权信息等，然后复制出许多结构相同的页面，再填写相应的内容。这样制作的网页，不仅速度快，而且整体性强。

7.2 表　　格

表格是用于在页面上显示表格式数据以及对文本和图形进行布局的强有力的工具。表格由一行或多行组成；每行又由一个或多个单元格组成。当选定了表格或表格中有插入点时，Dreamweaver 会显示表格宽度和每个表格列的列宽。使用菜单可以快速访问一些与表格相关的常用命令。

单元格是用于放置数据和图像的空间。表格结构的修改可以通过添加、删除、合并等操作来实现。表格的外观通过设置表格、行、列和单元格的属性来实现。表格用于网页布局时，只要把表格的边框设为 0，浏览网页时就不会显示边框。

7.2.1　插入表格

1. 新建表格

在网页中插入表格的方式有两种：插入表格和导入表格式数据。

插入一个表格步骤如下。

（1）在页面上放置插入点。执行下列操作之一，打开 Table 对话框：

①选择"插入"→Table 菜单项。

②将"插入"工具栏切换到 HTML 选项卡，单击 Table 按钮。

③按 Ctrl+Alt+T 快捷键。

（2）在 Table 对话框中（图 7-2），完成相应的设置。

①在"表格大小"部分中指定以下选项。

a. "行数"：确定表格的行的数目。

b. "列数"：确定表格的列的数目。

c. "表格宽度"：以像素为单位或按占浏览器窗口宽度的百分比指定表格的宽度。

d. "边框粗细"：指定表格边框的宽度（以像素为单位）。

提示：如果没有明确指定边框粗细的值，则大多数浏览器将边框粗细设置为 1 显示表格。若要确保浏览器显示的表格没有边框，则将边框粗细设置为 0。若要在边框粗细设置为 0 时查看单元格和表格边框，则选择"查看"→"设计视图选项"→"可视化助理"→"表格边框"选项。

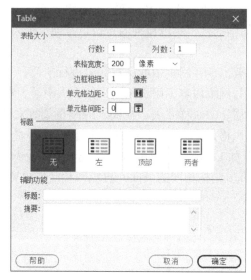

图 7-2 Table 对话框

e."单元格边距"：确定单元格边框和单元格内容之间的像素个数。

f."单元格间距"：确定相邻的单元格之间的像素个数。

提示：如果没有明确指定单元格间距和单元格边距的值，则大多数浏览器将单元格边距都设置为 1，单元格间距设置为 2 显示表格。若要确保浏览器不显示表格中的边距和间距，则将单元格边距和单元格间距设置为 0。

② 在"标题"部分选择一个标题选项。

a."无"选项：对表不启用列或行标题。

b."左"选项：将表的第一列作为标题列。

c."顶部"选项：将表的第一行作为标题行。

d."两者"选项：在表中输入列标题和行标题。

③ 在"辅助功能"部分指定以下选项。

a."标题"：提供了一个显示在表格外的表格标题。

b."摘要"：给出了表格的说明。屏幕阅读器可以读取摘要文本，但是该文本不会显示在用户的浏览器中。

（3）单击"确定"按钮，一个一行一列的表格即出现在文档中。该表格的宽度为 200 像素，边框为 1，单元格边距和单元格间距均为 0。

2. 插入嵌套表格

嵌套表格即在一个已有的单元格中再插入另一个表格。

在页面中，排版是通过表格的嵌套来完成的，即一个表格内部可以套入另一个表格。因为网页的排版很复杂，在外部需要有一个表格控制总体布局。如果这时一些内部排版的细节也通过总表格来实现，容易引起行高、列宽等的冲突，给表格制作带来困难。

出于这些原因，引入嵌套表格。由总表格负责整体的排版，由嵌套的表格负责各个子栏目的排版，并将其插入总表格的相应位置中。这样一来各司其职，互不冲突。

嵌套表格通常用于下列情况：

(1)把表格用于网页布局的情况下，每个单元格都有可能安排多个元素(如文字、数字、图像等)，使用嵌套表格能使得这些元素排列整齐。

(2)把表格用于网页布局的情况下，在一个单元格中需要用嵌套表格来组织数据。

3. 导入/导出表格式数据

可以将在另一个应用程序(如 Microsoft Excel)中创建并以分隔文本的格式(其中的项以制表符、逗号、冒号、分号或其他分隔符隔开)保存的表格式数据导入 Dreamweaver 中并设置为表格的格式。也可以将表格式数据从 Dreamweaver 导出到文本文件中，相邻单元格的内容由分隔符隔开。可以使用逗号、冒号、分号或空格作为分隔符。当导出表格时，将导出整个表格，不能选择导出部分表格。

1)导入表格式数据

(1)执行下列操作之一：

①选择"文件"→"导入"→"表格式数据"菜单项。

②选择"插入"→"表格对象"→"导入表格式数据"菜单项。

将会出现"导入表格式数据"对话框(图 7-3)。

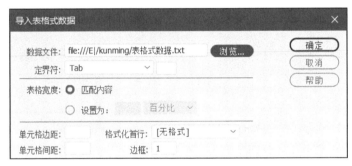

图 7-3　"导入表格式数据"对话框

(2)在该对话框中，输入有关包含数据的文件的信息。

(3)单击"确定"按钮。

2)导出表格

(1)将插入点放置在表格中的任意单元格中。

(2)选择"文件"→"导出"→"表格"菜单项，出现"导出表格"对话框(图 7-4)。

(3)在"导出表格"对话框中，指定导出表格的选项。

(4)单击"导出"按钮。出现"导出表格为"对话框。输入文件名称，单击"保存"按钮。

【例 7-1】以下是用记事本编辑的文本文件，分隔符为 Tab 符。导入表格式数据如图 7-5 所示。

周一	周二	周三	周四	周五
语文	数学	语文	数学	计算机
数学	音乐	语文	数学	地理
体育	作文	体育	音乐	政治

例 7-1

周一	周二	周三	周四	周五
语文	数学	语文	数学	计算机
数学	音乐	语文	数学	地理
体育	作文	体育	音乐	政治

图 7-4　"导出表格"对话框　　　　　图 7-5　导入表格式数据

7.2.2　编辑表格

在对表格结构进行修改之前,需要选择整个表格、行、列或单元格。当选择表格、行、列或单元格时,Dreamweaver 将高亮显示所选区域。当表格没有边框、单元格跨多列或多行、表格嵌套时这一点很有用。

1. 选择表格元素

1)选择表格

若要选择整个表格,执行下列操作之一:

(1)将鼠标指针移到表格的左上角、表格的顶边缘或底边缘的任何位置,行或列的边框,鼠标指针会变成表格网格图标,此时单击,选择整个表格。

(2)单击某个表格单元格,然后在"文档"窗口左下角的标签选择器中选择 <table> 标签。

(3)单击某个表格单元格,然后选择"编辑"→"表格"→"选择表格"菜单项。

(4)单击某个表格单元格,单击"表格标题"菜单,然后选择"选择表格"(图 7-6)。

2)选择行或列

选择单个(或多个)行或列的操作步骤为:

(1)定位鼠标指针使其指向行的左边缘或列的上边缘。

(2)当鼠标指针变为选择箭头时,单击以选择单个行或列,或进行拖动以选择多个行或列。

图 7-6　通过"表格标题"菜单选择表格

3)选择单元格

可以选择单个单元格、一行单元格、单元格块或者不相邻的单元格。

选择单个单元格,执行以下操作之一:

①按 Ctrl 键并单击该单元格。

②单击单元格,然后选择"编辑"→"全选"菜单项。

若要选择多个单元格,可执行下列操作之一:

①从一个单元格拖到另一个单元格。

②按 Ctrl 键并单击一个单元格以选择它,然后按 Shift 键并单击另一个单元格。这两个单元格定义的直线或矩形区域中的所有单元格都将被选择。

③在按 Ctrl 键的同时连续单击其他要选择的单元格、行或列,可选择多个不连续的单元格。如果某个单元格已经被选择,则再次单击会取消选择。

2. 添加表格的行或列

若要添加和删除行和列，可使用"编辑"→"表格"菜单项或"列标题"菜单。

注意： 在表格的最后一个单元格中按 Tab 键会自动在表格中另外添加一行。

1）添加单个行或列

(1) 单击一个单元格。

(2) 执行下列操作之一：

①选择"编辑"→"表格"→"插入行"或"编辑"→"表格"→"插入列"菜单项。在插入点的上面出现一行或在插入点的左侧出现一列。

②单击"列标题"菜单，然后选择"左侧插入列"或"右侧插入列"菜单项。在插入点的左侧或右侧出现一列。

2）添加多行或多列

(1) 单击一个单元格。

(2) 选择"编辑"→"表格"→"插入行或列"菜单项，即出现"插入行或列"对话框。

(3) 选择"行"或"列"选项，输入行数或列数，选择位置，单击"确定"按钮。

3. 删除表格的行或列

若要删除某行或列，执行以下操作之一：

①选择完整的一行或列，然后选择"编辑"→"表格"→"删除行"或"编辑"→"表格"→"删除列"菜单项。

②选择完整的一行或列，然后按 Delete 键。

整个行或列即从表格中消失。

4. 删除单元格内容

若要删除单元格内容，但使单元格保持原样，执行以下操作：

(1) 选择一个或多个单元格，确保所选部分不是由完整的行或列组成的。

(2) 按 Delete 键。

若选择了完整的行或列，按 Delete 键时将从表格中删除整个行或列，而不仅仅是它们的内容。

5. 拆分和合并单元格

使用"属性"面板或"编辑"→"表格"菜单项中的命令合并或拆分单元格。

1）合并单元格

合并表格中的两个或多个单元格，执行以下操作：

(1) 选择连续行中形状为矩形的单元格。

(2) 执行下列操作之一：

①选择"编辑"→"表格"→"合并单元格"菜单项。

②在"属性"面板中，单击"合并所选单元格，使用跨度"按钮▭。

2）拆分单元格

若要拆分单元格，执行以下操作：

(1)单击单元格。

(2)执行下列操作之一：

①选择"编辑"→"表格"→"拆分单元格"菜单项。

②"属性"面板中，单击"拆分单元格为行或列"按钮。

(3)在"拆分单元格"对话框中，指定如何拆分单元格。

6. 复制和粘贴单元格

可以一次复制、粘贴或删除单个单元格或多个单元格，并保留单元格的格式设置。

剪切或复制单元格，执行以下操作：

(1)选择连续行中形状为矩形的一个或多个单元格。

(2)选择"编辑"→"剪切"或"编辑"→"复制"菜单项。

若选择整个行或列，然后选择"编辑"→"剪切"菜单项，则将从表格中删除整个行或列(而不仅仅是单元格的内容)。

(3)选择"编辑"→"粘贴"菜单项。

若要粘贴多个表格单元格，剪贴板的内容必须和表格的结构或表格中将粘贴这些单元格的所选部分兼容，即选择一组与剪贴板上的单元格具有相同布局的现有单元格，再选择"编辑"→"粘贴"菜单项。

7.2.3　表格属性

当选择了某个表格或单元格后，使用"属性"面板(图 7-7)可以查看和更改它的属性。

图 7-7　表格"属性"面板

(1)"表格"下拉列表框：用于设置表格的 ID，以便通过代码对表格进行调用，该项可以不设。

(2)"行"文本框：用于设置表格的行数。

(3)"列"文本框：用于设置表格的列数。

(4)"宽"文本框：以像素为单位或按占浏览器窗口宽度的百分比计算的表格宽度。

(5)CellPad 文本框：单元格边距，是单元格内容和单元格边框之间的像素个数。

(6)CellSpace 文本框：相邻的表格单元格之间的像素个数。

(7)Align 下拉列表框：确定表格在页面中的显示位置。

(8)Border 文本框：指定表格边框的宽度(以像素为单位)。默认为 1，若不想显示表格边框，则将其设为 0。

(9)Class 下拉列表框：指定用于设置表格样式的 CSS 类。

7.2.4　单元格、行和列的属性

选择单元格、行或列后，出现相应的"属性"面板(图 7-8)。

图 7-8　单元格的"属性"面板

（1）"水平"下拉列表框：指定单元格、行或列内容的水平对齐方式。可以将内容对齐到单元格的左侧、右侧或使之居中对齐，也可以指示浏览器使用其默认的对齐方式（通常常规单元格为左对齐，标题单元格为居中对齐）。

（2）"垂直"下拉列表框：指定单元格、行或列内容的垂直对齐方式。可以将内容对齐到单元格的顶部、中间、底部或基线，或者指示浏览器使用其默认的对齐方式（通常是居中对齐）。

（3）"宽"和"高"文本框：以像素为单位或按占整个表格宽度和高度百分比计算的所选单元格的宽度和高度。若要指定百分比，在值后面使用百分比符号（%）。

（4）"背景颜色"按钮：设置单元格、列或行的背景颜色。

（5）"合并所选单元格，使用跨度"按钮▭：可以将所选的单元格、行或列合并为一个单元格，只有当单元格形成矩形或直线的块时才可以合并这些单元格。

（6）"拆分单元格为行或列"按钮：可以将一个单元格分成两个或更多单元格。一次只能拆分一个单元格；如果选择的单元格多于一个，则此按钮将禁用。

（7）"不换行"复选框：可以防止换行，从而使给定单元格中的所有文本都在一行上。如果启用了"不换行"复选框，则当输入数据或将数据粘贴到单元格时单元格会加宽来容纳所有数据。

（8）"标题"复选框：可以将所选的单元格格式设置为表格标题单元格。默认情况下，表格标题单元格的内容为粗体并且居中。

7.2.5　表格布局实例

例 7-2

【例 7-2】用表格实现 table.html 的布局。

最外层用上、中、下三个表格实现网页 table.html 的总体布局（图 7-9），上方表格 2 行 7 列，中间表格 1 行 3 列，下方表格 1 行 1 列。步骤如下：

（1）启动 Dreamweaver，在"文件"面板的站点列表中单击名为 km 的站点，使其成为当前站点。

（2）在"文件"面板的站点管理器中右击 files 文件夹，选择"新建文件"选项，重命名文件为 table.html，双击该文件。

（3）单击"属性"面板的"页面属性"按钮，打开"页面属性"对话框，在"外观（CSS）"类别下，将网页背景图像设置为 image\bg.gif。

（4）选择"插入"→Table 菜单项，插入第 1 个表（2 行 7 列），选择表格，Align 设为居中对齐。第 1 行插入图像:image\banner.jpg，第 2 行输入链接文字（导航栏）。

（5）光标定位到下一段，在页面中部插入第 2 个表（1 行 3 列）。

（6）在第 2 个表的第 1 列嵌套插入一个表格（10 行 1 列），第 2 列插入一个 Flash 动画文件 others\lijiang.swf，第 3 列嵌套插入一个表格（3 行 1 列）。

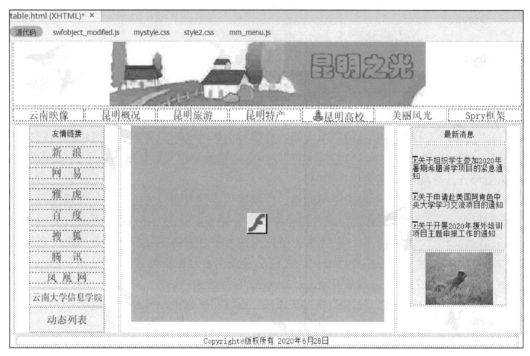

图 7-9 table.html 表格布局

(7) 在该嵌套表格(3 行 1 列)的第 1 行，输入标题"最新消息"，第 2 行输入三个段落文字，并将该单元格内容用<marquee direction=up>滚动内容</marquee>设置为向上滚动字幕。第 3 行，使用"插入"→HTML→"鼠标经过图像"菜单项，分别设置原始图像和鼠标经过图像。

(8) 最下方插入第 3 个表格(1 行 1 列)，从单元格"水平"下拉列表框选择"居中对齐"选项，在单元格内输入"Copyright@版权所有"，用"插入"→HTML→"日期"菜单项插入当前日期。

7.3 Div+CSS 实现布局

Div+CSS 是一种网页的布局方法，XHTML 网站设计标准中，不再使用表格定位技术，而是采用 Div+CSS 的方式实现各种定位。Div+CSS 是指用 Div 将内容模块化，用 CSS 控制其显示效果。

7.3.1 Div

Div(Division 分区)是一个区块容器标记，<div>与</div>标签之间可以容纳段落、标题、表格、图片等各种 HTML 元素。

用 Div 盒模型结构将各部分内容划分到不同的区块，然后用 CSS 来定义盒模型的位置、大小、边框、内外边距、排列方式等，即 Div 用于搭建网站结构(框架)，CSS 用于创建网站表现(样式/美化)，实质即使用 XHTML 对网站进行标准化重构，使用 CSS 将表现与内容分离，便于网站维护，简化 HTML 页面代码。

7.3.2 盒模型

1. 盒模型简介

CSS 假定所有的 HTML 文档元素都生成了一个描述该元素在 HTML 文档布局中所占空间的矩形元素框,可以形象地将其看作一个盒子。CSS 围绕这些盒子产生了一种盒模型概念,通过定义一系列与盒子相关的属性,可以极大地丰富和促进各个盒子乃至整个 HTML 文档的表现效果和布局结构。

HTML 文档中的每个盒子都可以看成由从内到外的四个部分构成(图 7-10),即内容(content)、填充(padding)、边框(border)和外边距(margin)。CSS 为四个部分定义了一系列相关属性,通过对这些属性的设置可以丰富盒子的表现效果。另外,盒模型还有高度(height)和宽度(width)两个辅助属性。

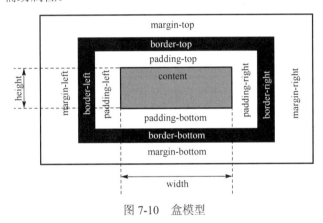

图 7-10　盒模型

说明:

margin(外边距)——清除边框外的区域,外边距是透明的。

border(边框)——围绕在内边距和内容外的边框。

padding(内边距或填充)——清除内容周围的区域,内边距是透明的。

content(内容)——盒子的内容,显示文本和图像。

当指定一个 CSS 元素的宽度和高度属性时,只是设置内容区域的宽度和高度。完整大小的元素,还必须添加内边距、边框和边距。

元素的总宽度计算公式为

　　　　总元素的宽度=宽度+左填充+右填充+左边框+右边框+左边距+右边距

元素的总高度计算公式为

　　　　总元素的高度=高度+顶部填充+底部填充+上边框+下边框+上边距+下边距

例如:

```
div { width: 300px;
    border: 25px solid green;
    padding: 25px;
    margin: 25px;
}
```

因此，元素总宽度为 300px（宽）+ 50px（左右填充）+ 50px（左右边框）+ 50px（左右外边距）= 450px

2. 盒模型的组成

1) 内容（content）

内容是盒模型的中心，它呈现了盒子的主要信息内容，这些内容可以是文本、图片等多种类型。内容区域有三个属性：width、height 和 overflow。使用 width 和 height 属性可以指定盒子内容区域的高度和宽度。当内容信息太多，超出内容区域所占范围时，用 overflow 溢出属性来指定处理方法(表 7-1)。

表 7-1 overflow 属性值表

属性值	说明
hidden	溢出部分不可见
visible	溢出的内容信息可见，只是被呈现在盒子的外部
scroll	滚动条被自动添加到盒子中
auto	由浏览器决定如何处理溢出部分

2) 填充（padding）

填充是内容和边框之间的空间。填充的属性有五种，即 padding-top、padding-bottom、padding-left、padding-right 以及综合了以上四种方向的快捷填充属性 padding。使用这五种属性可以指定内容区域的信息内容与各方向边框间的距离。设置盒子背景色属性时，可使背景色延伸到填充区域。

3) 边框（border）

边框是环绕内容和填充的边界。边框的属性有 border-style、border-width 和 border-color 以及综合了以上三类属性的快捷边框属性 border。

(1) border-style 属性是边框最重要的属性，如果没有指定边框样式，其他的边框属性都会被忽略，边框将不存在。CSS 规定了 dotted（点线）、dashed（虚线）、solid（实线）等九种边框样式。

(2) border-width 属性可以指定边框的宽度，其属性值可以是长度计量值，也可以是 CSS 规定的 thin、medium 和 thick。

(3) border-color 属性可以为边框指定相应的颜色，其属性值可以是RGB值，也可以是 CSS 规定的 17 个颜色名。

在设定以上三种边框属性时，既可以进行边框四个方向整体的快捷设置，也可以进行四个方向的专向设置，如 border: 2px solid green 或 border-top-style: solid、border-left-color: red 等。

4) 外边距（margin）

外边距位于盒子的最外围，是添加在边框外周围的空间。外边距使盒子之间不会紧凑地连接在一起，是 CSS 布局的一个重要手段。外边距的属性有五种 ，即 margin-top、margin-bottom、margin-left、margin-right 以及综合了以上四种方向的快捷空白边属性 margin。

对于两个相邻的（水平或垂直方向 ）且设置有外边距值的盒子，它们邻近部分的外边距将不是二者外边距之和，而是二者的并集。若二者邻近的外边距值大小不等，则取二者中较大的值。同时，CSS 容许给外边距属性指定负值，当指定负外边距值时，整个盒子将向指定负值方向的相反方向移动，以此可以产生盒子的重叠效果。采用指定外边距正负值的方法可以移动网页中的元素，这是 CSS 布局技术中的一个重要方法。

7.3.3 CSS 网页布局

网页布局有很多种方式，一般分为以下几个部分：头部区域、菜单导航区域、内容区域、底部区域(图 7-11)。

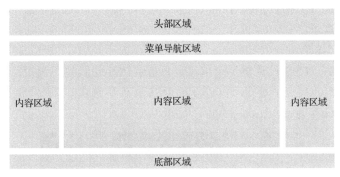

图 7-11　网页布局

1. 头部区域

头部区域位于整个网页的顶部，一般用于设置网页的标题或者网页的 Logo：

```
.header { background-color: #F1F1F1; text-align: center; padding: 20px; }
```

2. 菜单导航区域

菜单导航栏包含了一些链接，可以引导用户浏览其他页面：

```
/* 导航栏 */
.topnav { overflow: hidden; background-color: #333; }
/* 导航链接 */
.topnav a { float: left; display: block; color: #f2f2f2; text-align: center;
padding: 14px 16px; text-decoration: none; }
/* 链接 - 修改颜色 */
.topnav a:hover { background-color: #ddd; color: black; }
```

3. 内容区域

内容区域一般有三种形式(图 7-12)。

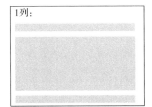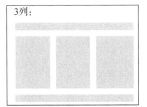

图 7-12　内容区域

1 列：一般用于移动端。2 列：一般用于平板设备。3 列：一般用于 PC 桌面设备。

4. 底部区域

底部区域在网页的最下方，一般包含版权信息和联系方式等。

```
.footer { background-color: #F1F1F1; text-align: center; padding: 10px; }
```

7.3.4 Div+CSS 布局实例

【例 7-3】网站首页的 CSS 盒子布局。

本例将网页布局分成网页顶部(Logo、Banner、导航栏)、网页中部(网页主体)、网页底部(版权信息)三个盒子。

(1)新建一个 CSS 文件。

选择"窗口"→"CSS 设计器"菜单项，打开"CSS 设计器"面板，在"源"窗格中单击"+"按钮，在弹出的列表中选择"创建新的 CSS 文件"选项，打开"创建新的 CSS 文件"对话框(图 7-13)，保存为 style.css。

例 7-3

例 7-3 补充

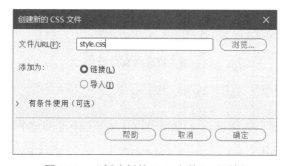

图 7-13 "创建新的 CSS 文件"对话框

(2)在这个文档的<head>与</head>之间定义 CSS 样式，具体代码如下：

```
<head>
<style>
/*基本信息*/
body
    {font: 12px;                    /*设置字体大小为 12PX */
    margin: 0px;                    /*设置外边距全部为 0PX */
    text-align: center;            /*设置文本水平对齐方式  */
    background-color: #cccccc;    /*设置背景颜色  */
    }
/*网页底层容器*/
#main{
    background-color: #ffffff;
    width: 760px;                  /*设置宽度  */
    }
/*网页顶部*/
#top{
    background-color: #cccc00;
    width: 760px;
    height: 100px;                 /*设置高度  */
```

```
    }
/*网页中部*/
#mid{
    background-color: #00ccff;
    width: 760px;
    height: 250px;
    }
/*网页底部*/
#bottom{
    background-color: #ff3300;
    width: 760px;
    height: 100px;
    }
</style>
</head>
```

这里重新定义了<body>标签的样式,还定义了四个 ID 样式:#main、#top、#mid、#bottom。这些样式可以按照前面讲解的方法在"CSS 设计器"面板中进行定义,也可以直接在"代码"视图中输入。

(3)新建一个网页,保存为 Div+CSS 首页布局.html。在"CSS 设计器"面板的"源"窗格中单击"+"按钮,在弹出的列表中选择"附加现有的 CSS 文件"选项,打开"使用现有的 CSS 文件"对话框,选择 style.css 文件(图 7-14)。单击"确定"按钮,"CSS 设计器"面板的"源"窗格中就出现定义好的样式。

图 7-14 "使用现有的 CSS 文件"对话框

切换到"代码"视图,在<body>与</body>之间创建<div>标签,并将 ID 样式应用到相应的<div>标签上,代码如下:

```
<body>
<div id="main">
<div id="top">网页顶部</div>
<div id="mid">网页中部</div>
<div id="bottom">网页底部</div>
</div>
</body>
```

保存文档,按 F12 键预览网页(图 7-15)。

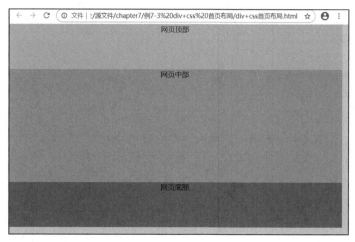

图 7-15　网站首页布局

　　(4)打开 style.css 文件，编辑 CSS 样式，在#mid 和#bottom 两个 ID 样式中新增规则 margin-top、margin-right、margin-bottom、margin-left，完成后规则代码如下：

```
/*网页中部*/
#mid{
    background-color: #00ccff;
    width: 760px;
    height: 250px;
    margin-top: 10px;             /*设置外边框的顶部距离 10px*/
    margin-right: 0px;            /*设置右、底、左外边框的距离都为 0px */
    margin-bottom: 0px;
    margin-left: 0px;
    }
/*网页底部*/
#bottom{
    background-color: #ff3300;
    width: 760px;
    height: 100px;
    margin-top: 10px;             /*设置外边框的顶部距离 10px*/
    margin-right: 0px;            /*设置右、底、左外边框的距离都为 0px */
    margin-bottom: 0px;
    margin-left: 0px;
    }
```

　　(5)继续编辑 style.css 文件，新建两个 ID 样式#left、#right，具体规则代码如下：

```
/*网页中部左栏*/
#left{
    width: 170px;                 /*设置宽度  */
    text-align: left;            /*文字左对齐  */
    float: left;                 /*浮动居左  */
    clear: left;                 /*不允许左侧存在浮动  */
    overflow: hidden;            /*超出宽度部分隐藏  */
    background: #999999;
```

```
        height: 220px;
        border: 1px solid #000000;
    }
    /*网页中部右栏*/
    #right{
        width: 580px;
        text-align: left;
        float: right;                    /*浮动居右  */
        clear: right;                    /*不允许右侧存在浮动  */
        overflow: hidden;                /*超出宽度部分隐藏  */
        background: #999999;
        height: 220px;
        border: 1px solid #000000;
    }
```

这两个 ID 样式用来控制网页中部左栏和右栏两个盒子的外观。

(6) 切换到网页的"代码"视图,增加网页中部左栏和右栏两个盒子的<div>标签,并应用相应的 ID 样式。完成后的代码如下:

```
<body>
<div id="main">
<div id="top">网页顶部</div>
<div id="mid">网页中部
<div id="left">中部左栏</div>
<div id="right">中部右栏</div>
</div>
<div id="bottom">网页底部</div>
</div>
</body>
```

网页布局如图 7-16 所示,保存文档,按 F12 键预览网页。

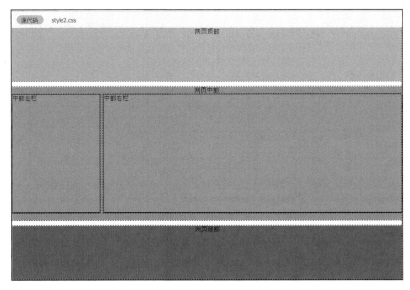

图 7-16 首页两列布局

【例 7-4】响应式网页布局。

创建一个响应式页面，页面的布局会根据屏幕的大小来调整。

新建一个空白网页，在"代码"视图输入以下代码。

```html
<!doctype html>
<html><head><meta charset="utf-8">
<title>响应式网页布局</title>
<style>
* { box-sizing: border-box;}
 body {  font-family: Arial;  padding: 10px;  background: #f1f1f1; }
/* 头部标题 */
.header {  padding: 10px;  text-align: center;  background: white;}
.header h1 {  font-size: 50px;}
/* 导航栏 */
.topnav { overflow: hidden; background-color: #333; }
/* 导航栏链接 */
.topnav a {float: left; display: block; color: #f2f2f2; text-align: center;
padding: 14px 16px; text-decoration: none; }
/* 链接颜色修改 */
.topnav a:hover { background-color: #ddd;  color: black; }
/* 创建两列 */
/* 左侧栏 */
.leftcolumn { float: left;  width: 75%;}
/* 右侧栏 */
.rightcolumn {  float: left;  width: 25%; background-color: #f1f1f1;
padding-left: 10px; }
/* 图像部分 */
.fakeimg { background-color: #aaa;  width: 100%;  padding: 10px; }
/* 文章卡片效果 */
.card { background-color: white;  padding: 10px;  margin-top: 10px;}
/* 列后面清除浮动 */
.row:after {  content: "";  display: table;  clear: both;}
/* 底部 */
.footer {   padding: 10px;   text-align: center;   background: #ddd;
margin-top: 10px; }
/* 响应式布局 - 屏幕尺寸小于 800px 时，两列布局改为上下布局 */
@media screen and (max-width: 800px) {
.leftcolumn, .rightcolumn { width: 100%;  padding: 0; }
}
/* 响应式布局 -屏幕尺寸小于 400px 时，导航等布局改为上下布局 */
@media screen and (max-width: 400px) {
.topnav a { float: none;  width: 100%; }
}
</style></head>
<body>
<div class="header">
<h1>我的网页</h1>
<p>重置浏览器大小查看效果。</p>
```

```
</div>
<div class="topnav">
<a href="#">链接</a> <a href="#">链接</a> <a href="#">链接</a> <a href="#"
style="float:right">链接</a>
</div>
<div class="row">
<div class="leftcolumn">
<div class="card">
<h2>文章标题</h2>
<h5>2020 年 7 月 1 日</h5>
<div class="fakeimg" style="height:100px;">图片</div>
<p>一些文本...</p>
```

<p>海埂距离市区 8 公里，东起海埂村，西至西山脚，全长 5 公里，将整个滇池一分为二，埂南为滇池，埂北为草海。</p>

```
</div>
<div class="card">
<h2>文章标题</h2>
<h5>2020 年 7 月 1 日</h5>
<div class="fakeimg" style="height:100px;">图片</div>
<p>一些文本...</p>
```

<p>公园南面连接碧波浩瀚的滇池，有 2.5 公里长的海岸线；西面是连接海埂公园至西山龙门的索道，仅一水相隔，遥呼相应；东面紧邻高尔夫球场和国家体育训练基地；北面与"云南民族村"紧紧相邻。</p>

```
</div>
</div>
<div class="rightcolumn">
<div class="card">
<h2>关于我</h2>
<div class="fakeimg" style="height:100px;">图片</div>
<p>关于我的一些信息..</p>
</div>
<div class="card">
<h3>热门文章</h3>
<div class="fakeimg"><p>图片</p></div>
<div class="fakeimg"><p>图片</p></div>
<div class="fakeimg"><p>图片</p></div>
</div>
<div class="card">
<h3>关注我</h3>
<p>一些文本...</p>
</div>
</div>
</div>
<div class="footer">
<h2>底部区域</h2>
</div></body></html>
```

屏幕尺寸大于等于 800px 时，网页为两列布局(图 7-17)。

屏幕尺寸小于 800px 时，两列布局改为上下布局(图 7-18)。

屏幕尺寸小于 400px 时，导航等布局改为上下布局(图 7-19)。

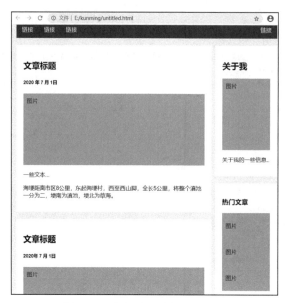

图 7-17 响应页网页(两列布局)

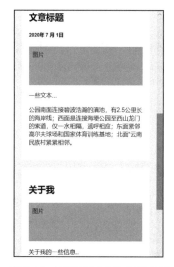

图 7-18 两列布局改为上下布局

图 7-19 导航等布局改为上下布局

7.4 jQuery UI

jQuery UI 是一个建立在 jQuery JavaScript 库上的小部件和交互库,用于创建高度交互的 Web 应用程序。jQuery UI 分为 3 个部分:交互(Interactions)、小部件(Widgets)和效果库(Effects)。

1. 交互

交互部件是一些与鼠标交互相关的内容,包括缩放(Resizable)、拖动(Draggable)、放置(Droppable)、选择(Selectable)、排序(Sortable)等。

2. 小部件

小部件主要是一些界面的扩展，包括折叠面板(Accordion)、自动完成(Autocomplete)、按钮(Button)、日期选择器(Datepicker)、对话框(Dialog)、菜单(Menu)、进度条(Progressbar)、滑块(Slider)、旋转器(Spinner)、标签页(Tabs)、工具提示框(Tooltip)等，新版本的 UI 将包含更多的微件。

3. 效果库

效果库用于提供丰富的动画效果，让动画不再局限于 jQuery 的 animate()方法，包括特效(Effect)、显示(Show)、隐藏(Hide)、切换(Toggle)、添加 Class(Add Class)、移除 Class(Remove Class)、切换 Class(Toggle Class)、转换 Class(Switch Class)、颜色动画(Color Animation)等。

下载 jQuery UI(https://jqueryui.com/)，得到一个 ZIP 压缩包，将下载的文件放在网页的同一目录下，就可以在页面中使用 jQuery UI 了。

下面介绍与布局有关的两个小部件。

7.4.1 Tabs 选项卡

Tabs 选项卡是将内容存储到紧凑空间中的一组面板。访问者通过单击面板上的标签来隐藏或显示存储在选项卡面板中的内容。当访问者单击不同标签时，相应的面板会打开。选项卡中只有一个内容面板会处于打开状态。

制作选项卡步骤如下：

(1)切换到"插入"工具栏的 jQuery UI 选项卡，单击 Tabs 按钮，或选择"插入"→jQuery UI→Tabs 菜单项。

(2)在网页中插入了选项卡面板(图 7-20)。

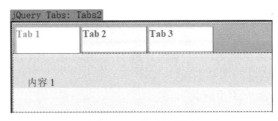

图 7-20 选项卡面板

(3)单击选项卡面板外侧的蓝色标题，打开"属性"面板(图 7-21)。

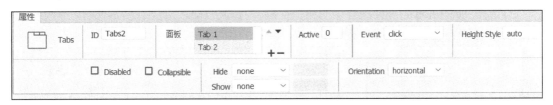

图 7-21 选项卡的"属性"面板

(4)在网页中可以直接修改选项卡标签页中的文字为"昆明简介"、"昆明历史"和"昆明经济"。要添加新的选项卡面板，单击"属性"面板上的"添加面板"按钮➕，并在网页中修改新添加的选项卡标签页中的文字为"昆明旅游"(图 7-22)。

图 7-22　添加新选项卡

（5）在"属性"面板中单击"在列表中向上移动面板"按钮▲和"在列表中向下移动面板"按钮▼，可以调整列表框中每项的显示顺序。

（6）在"属性"面板列表框中选择"昆明简介"选项，此时网页中的面板显示为"内容1"，在显示的"内容1"面板中输入内容（表格、图片、文字等），同理，为其他选项卡面板输入内容（图7-23）。

（7）制作完所有选项卡面板的内容后，保存网页，按F12键预览网页（图7-24）。

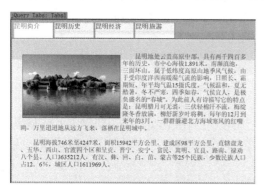

图 7-23　制作选项卡面板内容

图 7-24　Tabs 选项卡网页

7.4.2　Accordion 折叠面板

Accordion 是一组可折叠的面板，可以将大量内容存储在一个紧凑的空间中。访问者可以通过单击该面板上的标签来隐藏或显示存储在折叠构件中的内容。当访问者单击不同的标签时，折叠面板会相应地展开或收缩，每次只能有一个内容面板处于打开且可见的状态。Accordion 可以包含任意数量的单独面板。

制作 Accordion 折叠面板的步骤如下：

（1）切换到"插入"工具栏的 jQuery UI 选项卡，单击 Accordion 按钮，或选择"插入"→jQuery UI→Accordion 菜单项。

（2）在网页中插入折叠面板（图7-25）。

（3）选择 Accordion 折叠面板外侧的蓝色标题，打开"属性"面板（图7-26）。

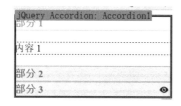

图 7-25　折叠面板

图 7-26　折叠面板的"属性"面板

（4）在网页中直接修改选项卡名称为"龙门"、"海埂"和"翠湖"。要添加新的折叠面板，单击"属性"面板上的"添加面板"按钮╋，并在网页中修改新添加的面板为"滇池"（图7-27）。

(5)在"属性"面板列表框中选择"龙门"选项，此时网页中的面板显示为"内容1"，在显示的"内容1"面板中可以输入显示的内容(表格、图片、输入文字等)。同理，为其他面板输入内容(图7-28)。

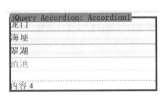

图7-27　添加新的面板

图7-28　制作面板内容

(6)制作完所有折叠面板后，保存网页，按F12键预览网页(图7-29)。

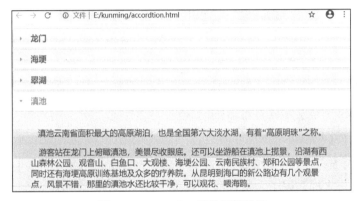

图7-29　Accordion折叠面板效果

习　题　7

1. 用表格完成如图7-30所示的布局效果。

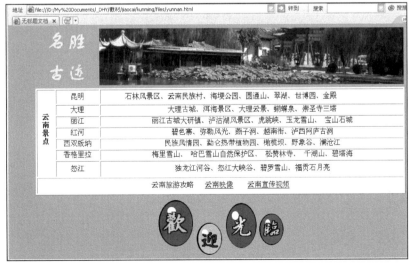

图7-30　表格布局

2. 用表格完成"音乐之家"网页布局(图 7-31(a)),单击"歌词"图标后打开对应的歌词页面(图 7-31(b))。

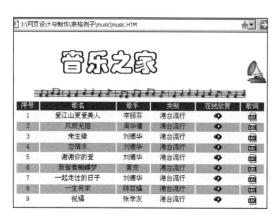

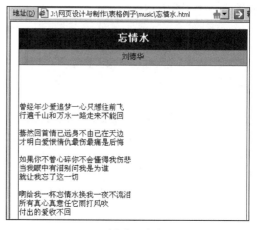

(a)音乐页面   (b)歌词页面

图 7-31   "音乐之家"网页

3. 用 Div+CSS 完成如下网页布局(图 7-32)。

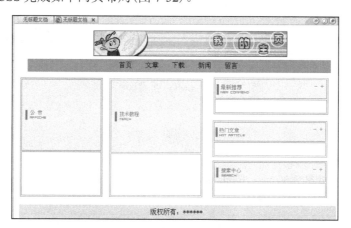

图 7-32   Div+CSS 布局

4. 制作一个选项卡面板,内容自主设计。

5. 制作一个折叠面板,内容自主设计。

第8章 行 为

8.1 行为的概念

Dreamweaver 网页行为是 Adobe 公司借助 JavaScript 开发的一组交互特效代码库。在 Dreamweaver 中，用户可以通过简单的可视化操作，为网页中的对象添加一些动态的效果和交互功能，从而创建出丰富的网页应用。

8.1.1 行为的基础知识

行为是由一个事件所触发的动作。因此又把行为称为事件的响应，是用来动态响应用户操作、改变当前页面效果或执行特定任务的一种方法。

事件是浏览器产生的有效信息，也就访问者对网页所做的事情，如单击某个图像、鼠标指针经过指定的元素等。

动作是由预先编写的 JavaScript 代码组成的，这些代码执行特定的任务，如打开浏览器窗口、显示/隐藏元素、设置文本或检查表单。

在将行为添加到页面元素之后，只要该元素发生了所指定的事件，浏览器就会调用与该事件关联的动作(JavaScript 代码)，例如，如果将"弹出消息"动作添加到某个链接并指定它将由 onMouseOver 事件触发，那么只要在浏览器中用鼠标指针指向该链接，就将在对话框中弹出消息。没有用户交互也可以生成事件，如设置页面加载。

Dreamweaver 内置了 30 多种行为，使用这些行为，不需要写一行代码，就可以实现丰富的动态页面效果，如为网页添加显示/隐藏元素、弹出消息、打开新浏览器窗口等功能，实现用户与页面的交互。

如果用户需要添加更多的行为，可以在 Adobe Exchange 官方网站下载。

8.1.2 JavaScript 源代码简介

JavaScript 是为网页中插入的图像或文本等多种元素赋予各种动作的脚本语言。网页浏览器中从<script>开始到</script>的部分即 JavaScript 源代码。JavaScript 源代码大致分为两个部分：一个是函数的定义部分；另一个是函数的调用部分。

1. 函数的定义

单击图 8-1 中的 Click me!按钮，弹出一个消息对话框，源代码如图 8-2 所示。

在 JavaScript 源代码中定义了一个函数 displaymessage()，其中调用 alert()函数弹出一个消息对话框。

```
<script type="text/javascript">
function displaymessage() {
    alert("Hello World!")
```

```
    }
  </script>
```

图 8-1 "弹出消息框" 网页

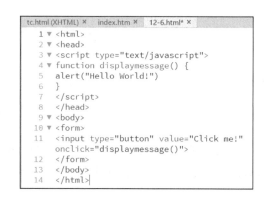

图 8-2 网页源代码

2. 函数的调用

以下代码表示函数的调用，即运行上面定义的函数，onClick 属性表示只要单击 Click me! 按钮，就会运行 displaymessage() 函数。

```
<input type="button" value="Click me!" onclick="displaymessage()">
```

以上代码可以简单地理解为 "执行了某个动作 (onClick)，就进行什么操作 (displaymessage())"。

提示：JavaScript 定义函数后，再以 "事件处理="运行函数""的形式来运行上面定义的函数。不必完全理解 JavaScript 源代码的具体内容，只要掌握事件和事件处理以及函数的关系即可。

8.2 "行为"面板

在 Dreamweaver 中，行为由事件和动作两个基本元素构成。这一切都是在 "行为" 面板中进行管理的。选择 "窗口" → "行为" 菜单项可以打开 "行为" 面板(图 8-3)，对页面的行为进行管理和编辑。

在 "行为" 面板中，可以先指定一个动作，然后指定触发该动作的事件，从而将行为添加到页面中。行为代码是客户端 JavaScript 代码，即它运行于浏览器中，而不是服务器上。

(1) "显示设置事件" 按钮 ▦: 仅显示附加到当前文档的事件。"显示设置事件" 视图是默认的视图。

(2) "显示所有事件" 按钮 ▤: 按字母降序显示给定类别的所有事件。

(3) "添加行为" 按钮 ✚: 单击按钮 ✚，则打开一个 "动作" 弹出式菜单(图 8-4)，其中包含可以添加到当前所选元素的动作。当从该列表中选择一个动作时，将出现一个对话框，可以在该对话框中指定该动作的参数。如果所有动作都灰色显示，则没有所选元素可以生成的事件。

(4) "删除事件" 按钮 ▬: 单击该按钮，则从行为列表中删除所选的事件和动作。

"动作" 弹出式菜单，说明如下(表 8-1)。

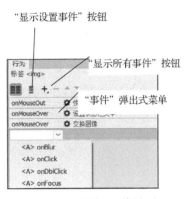

"显示设置事件"按钮

"显示所有事件"按钮

"事件"弹出式菜单

图 8-3 "行为"面板(一)

图 8-4 "动作"弹出式菜单

表 8-1 "动作"弹出式菜单的说明

动作名称	说明
交换图像	图像交替显示
弹出信息	实现打开网页时,打开一个对话框
恢复交换图像	重复前面的交换图像功能
打开浏览器窗口	实现打开网页同时启动另一页面,多用作弹出消息页面
拖动 AP 元素	在页面中按照指定的方式拖动绝对定位的(AP)元素
改变属性	改变一些页面元素的属性
效果	设置增大/收缩、挤压、显示/渐隐、晃动、滑动、遮帘、高亮颜色的效果
显示-隐藏元素	显示、隐藏或恢复一个或多个页面元素的默认可见性
检查插件	判断浏览器中是否已经安装了指定插件
检查表单	对表单进行检查
设置文本	包括设置容器的文本、文本域文本、框架文本和状态栏文本
调用 JavaScript	调用 JavaScript 的一段小程序
跳转菜单	实现下拉列表中选中一个项目后,跳转到一个 URL 地址
跳转菜单开始	使用 Jump Menu 的网页元素
转到 URL	可以实现自动转到另一页面
预先载入图像	将网页上的图形下载到本地 Cache 中,可加速图形下载
获取更多行为	下载第三方插件

8.3 向网页添加行为

可以将行为添加到整个文档(即添加到<body>标签),还可以添加到链接、图像、表单元素或多种其他 HTML 元素中的任何一种。

添加行为,操作如下:

(1)在网页上选择一个元素,如一个图像或一个链接。

若要将行为添加到整个网页，在"文档"窗口底部左侧的标签选择器中单击<body>标签。

(2)选择"窗口"→"行为"，打开"行为"面板(图 8-3)。

(3)单击按钮 ➕ 并从"动作"弹出式菜单中选择一个动作(图 8-4)。

菜单中灰色显示的动作不可选择。它们灰色显示的原因可能是当前文档中缺少某个所需的对象。例如，如果文档不包含表单，则"检查表单"动作为灰色显示。

当选择某个动作时，将出现一个对话框，显示该动作的参数和说明。

(4)为该动作输入参数，然后单击"确定"按钮。

(5)触发该动作的默认事件显示在"事件"栏中。如果这不是需要的触发事件，从"事件"下拉菜单中选择另一个事件。

8.4 使用内置行为

8.4.1 显示-隐藏元素

"显示-隐藏元素"动作显示、隐藏或恢复一个或多个元素的默认可见性。此动作用于在用户与网页进行交互时显示信息。例如，当用户将鼠标指针滑过一个植物的图像时，可以显示一个层给出有关该植物的生长季节和地区、需要多少阳光、可以长到多大等详细信息。

使用"显示-隐藏元素"动作，操作如下：

(1)选择一个对象(如一个图像)并打开"行为"面板。

(2)单击按钮 ➕ 并从"动作"弹出式菜单中选择"显示-隐藏元素"菜单项，弹出"显示-隐藏元素"对话框(图 8-5)。

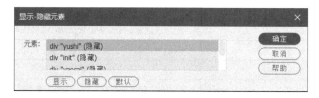

图 8-5 "显示-隐藏元素"对话框(一)

(3)选择某个元素，单击"显示"按钮以显示该元素，单击"隐藏"按钮以隐藏该元素，或单击"默认"按钮以恢复元素的默认可见性。

(4)对所有剩下的此时要更改其可见性的元素重复第(3)步(可以通过单个行为更改多个元素的可见性)。

(5)单击"确定"按钮。

(6)检查默认事件是否是所需的事件。如果不是，从"事件"下拉菜单中选择另一个事件。

8.4.2 设置文本

"设置文本"动作包括 4 种："设置容器的文本"动作、"设置文本域文字"动作、"设置框架文本"动作和"设置状态栏文本"动作。"设置容器的文本"动作用指定的内容替换网页上现有容器的内容和格式设置。在"设置容器的文本"对话框中，通过在"新建HTML"文本框中使用 HTML 标签，可对内容进行格式设置。

操作如下：

(1)选择一个对象并打开"行为"面板。

(2)单击按钮➕并从"动作"弹出式菜单中选择"设置文本"→"设置容器的文本"菜单项。

(3)在"设置容器的文本"对话框中(图 8-6)，从"容器"弹出式菜单中选择目标容器。

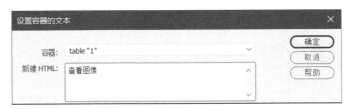

图 8-6　"设置容器的文本"对话框(一)

(4)在"新建 HTML"文本框中输入消息，然后单击"确定"按钮。

(5)检查默认事件(如 onClick)是否是所需的事件。若不是，从"事件"下拉菜单中选择另一个事件。

【例 8-1】 层与行为实例。

Div 与"设置文本"行为相结合，实现以下动态效果：当鼠标指针移入左边一个图像时(Collection(收藏)、Music(音乐)、My favour(我的爱好)、Family(家庭))，右边会显示对应栏目的介绍信息，当鼠标指针移出此图像时，右边会恢复显示网页的初始信息(图 8-7)。实现的方法是为每一个栏目图像添加 2 个"显示-隐藏元素"行为与 1 个"设置容器的文本"行为。

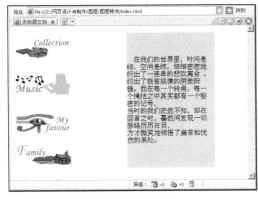

(a)鼠标指针移出图像效果　　　　　　　　(b)鼠标指针移入图像效果

图 8-7　鼠标指针移出/移入图像的效果

(1)新建一个网页，双击该页面。

例 8-1

(2)插入 4 个鼠标经过图像。

插入一个 4 行 3 列的表格，边框设置为 0。选择"插入"→HTML→"鼠标经过图像"菜单项，依次在表格第 1 列的 4 个单元格内插入 4 个鼠标经过图像，原始图像依次设为 collect2.gif、music2.gif、favour2.gif 和 family2.gif，鼠标经过图像依次设为 collect.gif、music.gif、favour.gif 和 family.gif。

(3)将第 3 列的 4 行合并为一个单元格。在此单元格内，输入初始文本内容(在我们世界里……)。

(4)在"代码"视图，添加 CSS 样式和<div>标签。

在<head>与</head>之间定义#Layer1 的样式如下：

```
<head>
<style>
#Layer1 {
    position: absolute;
    left: 283px;
    top: 17px;
    width: 218px;
    height: 332px;
    z-index: 1;
    background-color: #FFCCFF;
    visibility: visible;
}
</style>
</head>
```

然后在<body>与</body>之间，增加<div id="Layer1"></div>，此时在网页上添加了一个绝对定位的层，在"设计"视图下可以拖动层以调整层的位置，以挡住合并单元格的初始文本内容。

(5)为图像添加"设置容器的文本"行为，输入栏目介绍的文本。

选择第一个图像 collect2.gif，选择"窗口"→"行为"菜单项，打开"行为"面板，单击"添加行为"按钮■，从弹出的菜单中选择"设置文本"→"设置容器的文本"菜单项，打开"设置容器的文本"对话框，容器选择 div"Layer1"，在"新建 HTML"文本框中输入该栏目对应的文本(图 8-8)，单击"确定"按钮。再从"行为"面板左侧的"事件"下拉菜单中选择 onMouseOver 选项，即鼠标指针移入图像时，显示该层文本。

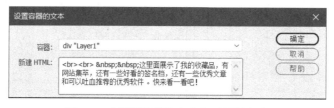

图 8-8　"设置容器的文本"对话框(二)

(6)为图像添加"显示-隐藏元素"行为(onMouseOut)。

再次选择第一个图像 collect2.gif，在"行为"面板上单击"添加行为"按钮■，从弹出的菜单中选择"显示-隐藏元素"菜单项，打开"显示-隐藏元素"对话框，选择"div"Layer1"(隐藏)"选项，单击"隐藏"按钮(图 8-9)，单击"确定"按钮。再从"行为"面板左侧的"事件"下拉菜单中选择 onMouseOut 选项，表示当鼠标指针移出图像时，隐藏层 Layer1。

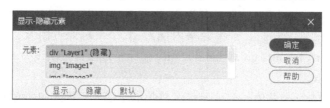

图 8-9　"显示-隐藏元素"对话框(二)

(7)为图像添加"显示-隐藏元素"行为(onMouseOver)。

再次选择第一个图像 collect2.gif,在"行为"面板上单击"添加行为"按钮 ，从弹出的菜单中选择"显示-隐藏元素"菜单项,打开"显示-隐藏元素"对话框,选择"div"Layer1"(显示)"选项,单击"显示"按钮(图 8-10),单击"确定"按钮。再从"行为"面板左侧的"事件"下拉菜单中选择 onMouseOver 选项,表示当鼠标指针移入图像时,显示层 Layer1。

选择图像 collect2.gif,"行为"面板显示出所有为该图像添加的行为(图 8-11)

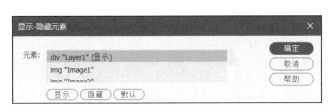

图 8-10   "显示-隐藏元素"对话框(三)

图 8-11   collect2.gif 添加的行为

(8)依次选择其余 3 个图像 music2.gif、favour2.gif、amily2.gif,重复步骤(5)、(6)、(7),分别为每个图像添加 1 个"设置容器的文本"和 2 个"显示-隐藏元素"行为。

(9)保存预览网页(图 8-7)。

8.4.3   交换图像

"交换图像"动作通过更改<img>标签的 src 属性将一个图像和另一个图像进行交换。使用此动作创建鼠标经过图像和其他图像效果(包括一次交换多个图像)。插入鼠标经过图像会自动将一个"交换图像"行为添加到页面中。

注意:因为只有 src 属性受此动作的影响,所以应该换入一个与原图像具有相同尺寸(高度和宽度)的图像。否则,换入的图像显示时会被压缩或扩展,以使其适应原图像的尺寸。

使用"交换图像"动作,操作步骤如下:

(1)选择"插入"→Image 菜单项或者在"插入"工具栏的 HTML 选项卡中,单击 Image 图标插入一个图像。

(2)在属性检查器中的最左边的 ID 文本框中为该图像输入一个名称(图 8-12)。

如果未为图像命名,"交换图像"动作仍将起作用。但是,如果所有图像都预先命名,则在"交换图像"对话框中就更容易区分它们。

(3)重复第(1)步和第(2)步插入其他图像。

(4)选择一个对象(通常是将交换的图像)并打开"行为"面板。

(5)单击按钮 ，并从"动作"弹出式菜单中选择"交换图像"菜单项,弹出"交换图像"对话框(图 8-13)。

(6)从"图像"列表框中,选择要更改其源的图像。

(7)单击"浏览"按钮选择新图像文件或在"设定原始档为"文本框中输入新图像的路径和文件名。

(8)对所有要更改的其他图像重复第(6)步和第(7)步。同时对所有要更改的图像使用相同的"交换图像"动作;否则,相应的"恢复交换图像"动作就不能全部恢复它们。

(9)选择"预先载入图像"选项在载入网页时将新图像载入浏览器的缓存中。

图 8-12　图像"属性"面板

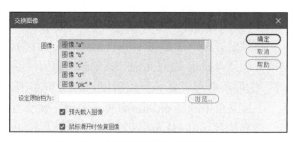

图 8-13　"交换图像"对话框(一)

(10)单击"确定"按钮。

(11)检查默认事件是否是所需的事件。如果不是,从"事件"下拉菜单中选择另一个事件。

【例 8-2】交换图像实例 1。

浏览网页,当鼠标指针移入、移出左边第一幅图时,三幅图会同时发生交换,交换前后的图像分别如图 8-14(a)和(b)所示。

(a)交换前的图像

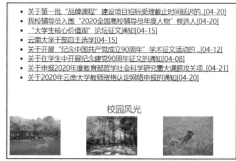

(b)交换后的图像

图 8-14　交换前和交换后的图像

例 8-2

双击 kunming\files\school\xinxi.htm 文件,操作如下:

(1)用 1 行 3 列的表格插入三幅图像,并选择左边第一幅图像。

(2)在图像属性检查器中的 ID 文本框中为该图像输入一个名称:tsg。

(3)选择第二幅图像 yqy.jpg,ID 命名为 yqy;选择第三幅图像 ayst.jpg,ID 命名为 ayst。

(4)选择左边第一幅图像 tsg.jpg,打开"行为"面板,为其添加"交换图像"行为。

(5)单击按钮➕,从"动作"弹出式菜单中选择"交换图像"菜单项,打开"交换图像"对话框(图 8-15)。

图 8-15　"交换图像"对话框(二)

(6) 从 "图像" 列表框中选择图像"tsg"*, 单击 "浏览" 按钮, 选择图像文件 1.jpg。

(7) 从 "图像" 列表框中选择图像"yqy"*, 单击 "浏览" 按钮, 选择图像文件 2.jpg。

(8) 从 "图像" 列表框中选择图像"ayst"*, 单击 "浏览" 按钮, 选择图像文件 3.jpg。

(9) 选择 "预先载入图像" 选项, 单击 "确定" 按钮。

例 8-3

【例 8-3】交换图像实例 2。

用表格制作一个交换图像的查看器, 当鼠标指针移到上方缩略图时, 在状态栏显示该图的说明信息, 并在下方显示该缩略图对应的大图(图 8-16), 操作如下。

(1) 为 4 幅缩略图分别设置状态栏文本。

①插入一个 3 行 4 列的表格, 第 1、3 行分别进行单元格合并。

在第 1 行输入标题 "查看图像"。

在第 2 行插入 4 个图片 tu01.jpg、tu02.jpg、tu03.jpt、tu04.jpg, 每幅图的宽设为 65 像素, 高设为 45 像素, 在 "属性" 面板上将图像 ID 名称依次设为 a、b、c、d。

在第 3 行插入 tu01.jpg, 图片大小保持原始大小不变, ID 名称设为 pic。

图 8-16 交换图像实例 2

②选择 "窗口" → "行为" 菜单项, 打开 "行为" 面板, 选择第 1 幅缩略图, 单击按钮 ➕, 添加行为, 选择 "设置文本" → "设置状态栏文本" 菜单项, 打开 "设置状态栏文本" 对话框(图 8-17), 在 "消息" 文本框输入 "红色的桥"。事件名设为 onMouseOver, 表示鼠标指针移入第 1 幅缩略图时在状态栏会出现该消息(图 8-18)。

同理, 将第 2 幅缩略图的状态栏文本设为 "海中的涯", 第 3 幅缩略图的状态栏文本设为 "奔流的水", 第 4 幅缩略图的状态栏文本设为 "五彩的廊"。将浏览器标题栏显示的标题设为 "行为的学习"。

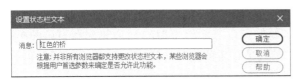
图 8-17 "设置状态栏文本" 对话框(一)

图 8-18 显示状态栏文本

(2) 设置 "交换图像" 行为。

①选择第三行的图 tu01.jpg, 在 "属性" 面板上设置图像 ID 名称为 pic。

②选择第二行的第 1 个缩略图, 添加行为, 执行 "交换图像" 命令, 打开 "交换图像" 对话框(图 8-19), 在 "图像" 列表框中选择 "图像"pic"*" 选项, "设定原始档为" 文件框选择 images/tu01.jpg 文件, 并选择下面两个复选框。在 "行为" 面板将事件设为 onMouseOver, 即鼠标指针移入图像"a"时, 图像"pic"会交换为 tu01.jpg。

③选择图像"b", 添加 "交换图像" 行为, 打开 "交换图像" 对话框, 在 "图像" 列表框中选择 "图像"pic"*" 选项, "设定原始档为" 文件框选择 images/tu02.jpg 文件, 选择下面两个复选框。在 "行为" 面板将事件设为 onMouseOver, 即鼠标指针移入图像"b"时, 图像"pic"会交换为 tu02.jpg。

图 8-19 "交换图像"对话框(三)

④选择图像"c",添加"交换图像"行为,打开"交换图像"对话框,在"图像"列表框中选择"图像"pic"*"选项,"设定原始档为"文件框选择 images/tu03.jpg 文件,选择下面两个复选框。在"行为"面板将事件设为 onMouseOver,即鼠标指针移入图像"c"时,图像"pic"会交换为 tu03.jpg。

⑤选择图像"d",添加"交换图像"行为,打开"交换图像"对话框,在"图像"列表框中选择"图像"pic"*"选项,"设定原始档为"文件框选择 images/tu04.jpg 文件,选择下面两个复选框。在"行为"面板将事件设为 onMouseOver,即鼠标指针移入图像"d"时,图像"pic"会交换为 tu04.jpg。"行为"面板如图 8-20 所示。

图 8-20 "行为"面板(二)

8.4.4 打开浏览器窗口

访问网页时经常会遇到这样的情况,打开网站页面的同时会弹出写有通知事项或特殊信息的小窗口。使用 Dreamweaver 的"打开浏览器窗口"动作就可以制作出这种效果。

使用"打开浏览器窗口"动作在一个新的窗口中打开 URL。可以指定新窗口的属性(包括其大小)、特性(它是否可以调整大小、是否具有菜单栏等)和名称。如果不指定该窗口的任何属性,在打开时它的大小和属性与打开它的窗口相同。

(1)选择一个对象并打开"行为"面板。

(2)单击按钮 ➕ 并从"动作"弹出式菜单中选择"打开浏览器窗口"菜单项,打开"打开浏览器窗口"对话框(图 8-21)。

(3)单击"浏览"按钮选择一个文件,或输入要显示的 URL。

(4)设置属性选项,单击"确定"按钮。

(5)检查默认事件是否是所需的事件。

【例 8-4】打开浏览器窗口实例。

为 kunming\files\table.html 页面添加一个"打开浏览器窗口"行为,当浏览器加载 table.html 时会打开 new.html 页面。new.html 要事先制作好。

(1)双击 table.html 文件,选择<body>标签,并打开"行为"面板。

(2)单击按钮 ➕ 并从"动作"弹出式菜单中选择"打开浏览器窗口"菜单项。

(3)单击"浏览"按钮选择文件 new.html。

(4)设置窗口宽度为 300 像素，窗口高度为 250 像素。其他选项都为空。

(5)在"行为"面板上，从"事件"下拉菜单中选择 onLoad 选项(图 8-22)，表明加载 table.html 时打开 new.html。

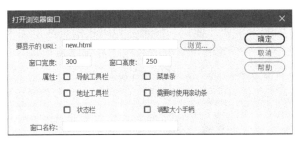

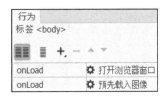

图 8-21　"打开浏览器窗口"对话框　　　　　　图 8-22　"行为"面板(三)

8.4.5　转到 URL

"转到 URL"动作在当前窗口或指定的框架中打开一个新网页。此操作尤其适用于通过一次单击更改两个或多个框架的内容。

使用"转到 URL"动作，执行以下操作：

(1)选择一个对象并打开"行为"面板。

(2)单击按钮 ✚ 并从"动作"弹出式菜单中选择"转到 URL"菜单项。

(3)在打开的"转到 URL"对话框中，从"打开在"列表框中选择 URL 的目标。

"打开在"列表框自动列出当前框架集中所有框架的名称以及主窗口。如果没有任何框架，则主窗口是唯一的选项。

例如，设置在框架"leftFrame"中打开的 URL 为 left1.html(图 8-23)，设置在框架"mainFrame"中打开的 URL 为 right1.html(图 8-24)。

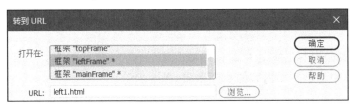

图 8-23　设置在框架"leftFrame"中打开的 URL

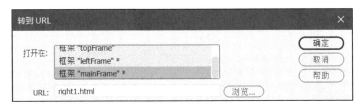

图 8-24　设置在框架"mainFrame"中打开的 URL

注意：如果任何框架命名为 top、blank、self 或 parent，则此动作可能产生意想不到的结果。浏览器有时将这些名称误认为保留的目标名称。

(4)单击"浏览"按钮选择要打开的文档，或在 URL 文本框中输入该文档的路径和文件名。

(5) 重复第(3)步和第(4)步在其他框架中打开其他文档。

(6) 单击"确定"按钮，检查默认事件是否是所需的事件。

8.4.6　设置状态栏文本

"设置状态栏文本"动作在浏览器窗口底部左侧的状态栏中显示消息。访问者常常会忽略或注意不到状态栏中的消息；如果消息非常重要，要将其显示为弹出式消息或层文本。

在"行为"面板上单击按钮 ＋，从"动作"弹出式菜单中选择"设置文本"→"设置状态栏文本"菜单项(图 8-25)，打开"设置状态栏文本"对话框(图 8-26)。

图 8-25　　"设置文本"子菜单

图 8-26　　"设置状态栏文本"对话框(二)

习　题　8

1. 制作一个页面，根据不同页面元素添加多种行为，如"交换图像"、"转到 URL"、"弹出信息"、"设置容器的文本"、"改变属性"、"设置状态栏文本"和"打开浏览器窗口"等行为。

2. 制作一个留言表单，并为表单添加一个"检查表单"行为，防止用户输入有遗漏或者格式有误。

3. 自行设计页面内容，使用"显示-隐藏元素"行为，实现例 8-1 鼠标指针移入、移出某个对象时，在 Div 中显示不同内容的页面效果(图 8-7)。

第9章 创建表单

9.1 表单概述

表单是构成动态网站必不可少的元素之一,是用于实现网页浏览者与服务器之间信息交互的一种页面元素,在 WWW 上它广泛用于各种信息的搜集和反馈,如电子邮件系统登录的表单、会员注册(图 9-1)、在线调查问卷、信息反馈、在线购物,还有搜索等。访问者可以使用文本域、列表框、复选框以及单选按钮之类的表单对象输入信息,然后单击"提交"按钮时,这些信息将被提交给服务器进行处理。服务器进行响应时会将被请求信息发送回用户(或客户端),或基于该表单内容执行一些操作,也可以将表单数据直接发送给某个电子邮件收件人。

表单的执行过程如下:

(1)访问者填写完表单并提交给 Web 服务器处理。

(2)ASP(ASP.NET 或 PHP 等)对表单进行处理。

(3)生成一个新的 HTML 文件并发送回访问者。

使用表单必须具备两个条件:一个是建立含有表单元素的网页文档;二是具备服务器端的表单处理应用程序(如 ASP、ASP.NET、JSP、PHP 等)或客户端的脚本程序(JavaScript),它能够处理用户输入表单的信息。

图 9-1　QQ 注册表单(一)

表单只是收集浏览者输入的信息,其数据的接收、传递、处理以及反馈工作由 ASP(ASP.NET 或 PHP 等)程序来完成。

定义表单的语法如下:

<form method="post/get" action="do-submit.asp">…</form>

9.2 使用表单

9.2.1 插入表单

创建 HTML 表单,执行以下操作:

(1)打开一个页面,将插入点放在希望表单出现的位置。

(2)选择"插入"→"表单"菜单项,或选择"插入"面板的"表单"类别的"表单"选项。

Dreamweaver 将插入一个空的表单。当页面处于"设计"视图中时,用红色的虚轮廓线指示表单。如果没有看到此轮廓线,检查是否选择了"查看"→"设计视图选项"→"可视化助理"→"不可见元素"菜单项。

(3)指定用于处理表单数据的页面或脚本。

(4)指定将表单数据传输到服务器所使用的方法。

(5)插入表单对象。

将插入点放置在希望表单对象在表单中出现的位置，然后在"插入"→"表单"菜单项的下一级菜单中，或者在"插入"面板的"表单"类别中选择对象。

根据需要，调整表单的布局。可以使用换行符、段落标记、预格式化的文本或表来设置表单的格式。不能将表单插入另一个表单中，即标签不能交叠，但是可以在一个页面中包含多个表单。

使用表格为表单对象和域标签提供结构。当在表单中使用表格时，确保所有的<table>标签都位于两个<form>标签之间。

9.2.2 表单属性

选择表单后可以设置表单属性(图 9-2)。

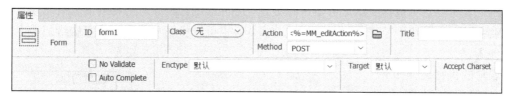

图 9-2 表单"属性"面板

(1)ID 文本框：输入标识该表单的唯一名称。 命名表单后，就可以使用脚本语言(如 JavaScript 或 VBScript)引用或控制该表单。

(2)Action 文本框：指定处理该表单的动态页或脚本的路径。

(3)Method 下拉列表框：选择将表单数据传输到服务器的方法。

①POST 方法将在 HTTP 请求中嵌入表单数据。

②GET 方法将值附加到请求该页面的 URL 中(默认方法)。

POST 方法在浏览器的地址栏中不显示提交的信息，这种方法对传送的数据量的大小没有限制。

GET 方法将信息传递到浏览器的地址栏上，最大传输的数据量为 2KB。

(4)Enctype 下拉列表框：规定在发送到服务器之前如何对表单数据进行编码。如果要创建文件域，指定 multipart/form-data 类型。

(5)Target 下拉列表框：指定一个窗口，在该窗口中显示被调用程序所返回的数据。

9.3 使用表单元素

表单可以包含允许进行交互的各种对象，如单行文本框、密码框、文本区域、复选框、单选按钮、下拉列表、标准按钮、文件域以及其他表单对象。可以先创建一个空的 HTML 表单(选择"插入"→"表单"→"表单"菜单项)，然后在该表单中插入表单对象(图 9-3)。

9.3.1 单行文本框

单行文本框是一种能让浏览者输入内容的表单对象，通常用来填写字、词或简短的句子，如用户名(图 9-3)和地址等。代码如下：

```
<input name="name" type="text" id="name"  maxlength="15" value="" size="20" />
```

其中，type ="text" 定义单行文本框；id 属性定义文本框的唯一 id 值，用于提供脚本的引用；name 属性定义文本框的名字，要保证数据的准确采集，必须定义独一无二的名称；size 属性定义文本框的宽度，单位是字符个数；maxlength 属性定义最多输入的字符数；value 属性定义文本框的初始值。

操作如下：

(1)将插入点放在表单轮廓内。

(2)选择"插入"→"表单"→"文本"菜单项。

(3)在属性检查器中，根据需要设置单行文本框的属性(图 9-4)。

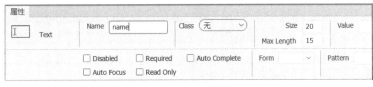

图 9-3　单行文本框　　　　　　　图 9-4　单行文本框"属性"面板

9.3.2　密码框

密码框是一种特殊的文本区域，主要用于输入一些保密信息(图 9-3)。当浏览者在其中输入文本时，显示的是黑点或其他符号，这样增加了输入文本的安全性。代码如下：

```
<input  name="pass"  type="password"  id="pass"  value=""  size="20"
maxlength="20" />
```

其中，type="password" 定义密码框；id 属性定义密码框的唯一 id 值，用于提供脚本的引用；name 属性定义密码框的名称，要保证唯一性；size 属性定义密码框的宽度; maxlength 属性定义最多输入的字符数；value 属性定义密码框的初始值。

操作如下：

(1)将插入点放在表单轮廓内。

(2)选择"插入"→"表单"→"密码"菜单项。

(3)在属性检查器中，根据需要设置密码框的属性(图 9-5)。

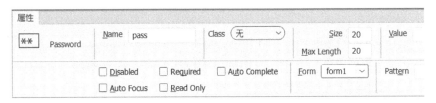

图 9-5　密码框"属性"面板

9.3.3　文本区域

文本区域(textarea)主要用于输入较长的文本信息(图 9-6)。代码如下：

```
<textarea name="ly" cols="30" rows="8" maxlength="25" wrap="hard" id="ly"
value="">
```

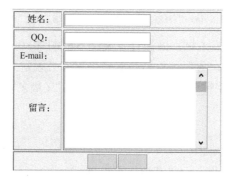

图 9-6 文本区域

其中，name 属性定义文本区域的名称，要保证数据的准确采集，必须定义独一无二的名称；cols 属性定义文本区域的宽度；rows 属性定义文本区域的高度；wrap 属性定义输入内容超出文本区域时显示的方式；id 属性定义文本区域的唯一 id 值，用于提供脚本的引用；value 属性定义文本区域的初始值。

操作如下：

(1)将插入点放在表单轮廓内。

(2)选择"插入"→"表单"→"文本区域"菜单项。

(3)在属性检查器中，根据需要设置文本区域的属性(图 9-7)。

图 9-7 文本区域"属性"面板

9.3.4 复选框

复选框的作用是让浏览者从一组选项中同时选择多个选项(图 9-8)，每个复选框都是一个独立的元素，都必须有个唯一的名称。代码如下：

```
<input     name="checkbox"     type="checkbox"     id="checkbox"     value="c1"
checked="checked"/>
```

其中，type="checkbox" 定义复选框；id 属性定义复选框的唯一 id 值，用于提供脚本的引用；name 属性定义复选框的名称，在同一组中的复选框都必须用同一名称；value 属性定义复选框的值；checked 属性确定在浏览器中载入表单时，该复选框是否被选择。

插入一组复选框，操作如下：

(1)将插入点放在表单轮廓内。

(2)选择"插入"→"表单"→"复选框组"菜单项，打开"复选框组"对话框(图 9-9)，单击"+"按钮。

图 9-8 复选框

在"标签"组中添加 4 个复选框，在"名称"文本框中输入 interest，设置标签和值后，单击"确定"按钮。代码如下：

```
<p>
<label><input type="checkbox" name="interest" value="xq1" id="interest_0"
/>音乐</label><br />
<label><input type="checkbox" name="interest" value="xq2" id="interest_1"
/>体育</label><br />
<label><input type="checkbox" name="interest" value="xq3" id="interest_2"
/>上网</label><br />
<label><input type="checkbox" name="interest" value="xq4" id="interest_3"
/>看书</label><br />
</p>
```

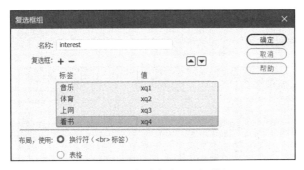

图 9-9 "复选框组"对话框

(3)在"属性"面板中，根据需要设置复选框的属性(图 9-10)。

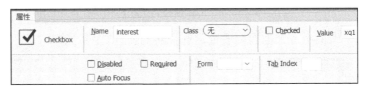

图 9-10 复选框"属性"面板

9.3.5 单选按钮

若只能从一组选项中选择一个选项时，使用单选按钮(图 9-11)。单选按钮通常成组地使用。在同一个组中的所有单选按钮必须具有相同的名称。代码如下：

```
<input type="radio" name="radio" id="radio" value="radio" checked="checked" />
```

其中，type="radio" 定义单选按钮；name 属性定义单选按钮的名称；id 属性定义单选按钮的唯一 id 值，用于提供脚本的引用；value 属性定义单选按钮的值，在同一组单选按钮中，它们的值必须是不同的；checked 属性确定在浏览器中载入表单时，该单选按钮是否被选中。

图 9-11 单选按钮

插入一组单选按钮，操作如下：
(1)将插入点放在表单轮廓内。

（2）选择"插入"→"表单"→"单选按钮组"菜单项，出现"单选按钮组"对话框（图 9-12），单击"+"按钮在"标签"组中添加 4 个单选按钮，在"名称"文本框中输入 blood，设置标签和值后，单击"确定"按钮。代码如下：

```
<p>
<label><input type="radio" name="blood" value="b1" id="blood_0"
/>A</label> <br />
<label><input type="radio" name="blood" value="b2" id="blood_1" />
B</label> <br />
<label><input type="radio" name="blood" value="b3" id="blood_2"
/>O</label><br />
<label><input type="radio" name="blood" value="b4" id="blood_3"
/>AB</label><br />
</p>
```

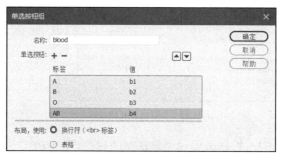

图 9-12　"单选按钮组"对话框

（3）在"属性"面板中，根据需要设置单选按钮的属性（图 9-13）。

图 9-13　单选按钮"属性"面板

9.3.6　下拉列表

通过下拉列表，访问者可以从一个列表中选择一个或多个项目（图 9-14）。当空间有限，但需要显示许多选项时，下拉列表非常有用，可以具体设置某个选项返回的确切值。

```
<form id="form1" name="form1" method="post" action="xx.aspx">
<p><label for="select">学历:</label>
<select name="select" multiple="MULTIPLE" id="select">
<option value="x1">专科</option>
<option value="x2" selected="selected">本科</option>
<option value="x3">硕士</option>
<option value="x4">博士</option>
</select></p>
</form>
```

<form>标记符的 method 属性规定表单数据采用何种方式发送到表单 action 属性所指定的

页面。method 的取值有 get 和 post。

select 定义下拉列表；name 属性定义下拉列表的名称；multiple 属性表示可以多选，如果不设置该属性，下拉列表中的选项只有一个；value 属性定义下拉列表中选项的值；id 属性定义下拉列表的唯一 id 值，用于提供脚本的引用；selected 属性表示默认已经选择了下拉列表中的某个选项。

插入下拉列表，操作如下：

(1)将插入点放在表单轮廓内。

(2)选择"插入"→"表单"→"选择"菜单项，选择插入的下拉列表，单击"属性"面板中的"列表值"按钮，打开"列表值"对话框(图 9-15)。

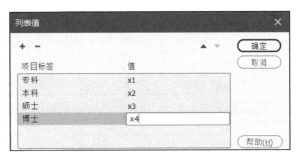

图 9-14　下拉列表(左边单选，右边多选)　　　　图 9-15　"列表值"对话框(一)

(3)设置项目标签和值后，单击"确定"按钮。

(4)在"属性"面板中，根据需要设置下拉列表的属性(图 9-16)，在 Selected 列表框中选中"本科"选项，选择 Multiple 复选框。

图 9-16　下拉列表框"属性"面板

9.3.7　标准按钮

按钮控制表单的操作。标准按钮通常带有"提交"、"重置"或"发送"标签(图 9-17)，还可以分配其他已经在脚本中定义的处理任务。

(1)"提交"按钮用于将输入的信息提交到服务器。

(2)"重置"按钮用于重置表单中输入的信息。

(3)"普通"按钮用来控制其他定义了处理脚本的处理工作。

三个按钮代码如下：

```
<p><input type="submit" name="submit" id="submit" value="提交">
<input type="reset" name="reset" id="reset" value="重置">
<input type="button" name="button2" id="button2" value="按钮"></p>
```

其中，type="submit"定义提交按钮；name 属性定义按钮的名称；id 属性定义标准按钮的唯一 id 值，用于提供脚本的引用；value 属性定义按钮的显示文字。

创建一个提交按钮，操作如下：

(1)将插入点放在表单轮廓内。

(2)选择"插入"→"表单"→"提交"菜单项。

创建一个重置按钮，操作如下：

(1)将插入点放在表单轮廓内。

(2)选择"插入"→"表单"→"重置"菜单项。

创建一个普通按钮，操作如下：

(1)将插入点放在表单轮廓内。

(2)选择"插入"→"表单"→"按钮"菜单项。

根据需要设置按钮的属性，"提交"按钮的"属性"面板如图9-18所示。

图9-17　标准按钮

图9-18　"提交"按钮的"属性"面板

9.3.8　文件域

可以创建文件域(图9-19)，文件域使得用户可以选择其计算机上的文件，如字处理文档或图形文件，并将该文件上传到服务器。文件域的外观与其他文本域类似，只是文件域还包含一个"浏览"按钮。用户可以手动输入要上传的文件的路径，也可以使用"浏览"按钮定位并选择该文件。

图9-19　文件域

真正上传文件，还需要通过表单的action属性指定一个具有服务器端脚本或能够处理文件提交的页面才行。

文件域要求使用POST方法将文件从浏览器传输到服务器。该文件被发送到表单的"动作"文本框中所指定的地址。在使用文件域之前，要先确认服务器允许使用匿名文件上传。

在表单中创建文件域，操作如下：

(1)在页面中插入表单(选择"插入"→"表单"菜单项)，选择表单以显示其"属性"面板。

(2)将表单Method设置为POST。

(3)从Enctype下拉列表框中，选择multipart/form-data选项。

(4)在Action文本框中，指定服务器端脚本或能够处理上传文件的页面(图9-20)。

图9-20　表单"属性"面板

(5)将插入点放置在表单轮廓内,选择"插入"→"表单"→"文件"菜单项。表单中将插入一个文件域。

(6)在"属性"面板中,根据需要设置文件域的属性(图9-21)。

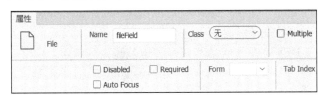

图9-21 文件域"属性"面板

9.4 "检查表单"动作

"检查表单"动作检查指定文本域的内容以确保用户输入正确的数据类型。使用 onBlur 事件将此动作分别添加到各文本域,在用户填写表单时对域进行检查;或使用 onSubmit 事件将其添加到表单,在用户单击"提交"按钮时同时对多个文本域进行检查。将此动作添加到表单防止表单提交到服务器后任何指定的文本域包含无效的数据。

使用"检查表单"动作,执行以下操作。

(1)选择"插入"→"表单"→"表单"菜单项,插入一个表单。

(2)选择"插入"→"表单"→"文本"菜单项插入文本框。重复此步骤以插入其他文本框。

(3)执行下列操作之一:

①若要在用户填写表单时分别检查各个域,选择一个文本框并选择"窗口"→"行为"菜单项。

②若要在用户提交表单时检查多个域,在"文档"窗口左下角的标签选择器中单击<form>标签并选择"窗口"→"行为"菜单项。

(4)从"动作"弹出菜单中选择"检查表单"菜单项,弹出"检查表单"对话框(图9-22)。

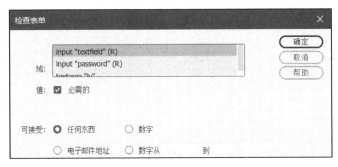

图9-22 "检查表单"对话框

(5)执行下列操作之一:

①如果要检查单个域,则从"域"列表框中选择已在"文档"窗口中选择的同一个域。

②如果要检查多个域,则从"域"列表框中选择某个文本域。

(6) 如果该域必须包含某种数据，则选择"必需的"复选框。

(7) 从"可接受"组中选择一个选项。

①如果该域是必需的但不需要包含任何特定类型的数据，则使用"任何东西"选项。

②使用"电子邮件地址"选项检查该域是否包含一个"@"符号。

③使用"数字"选项检查该域是否只包含数字。

④使用"数字从"选项检查该域是否包含特定范围内的数字。

(8) 如果要检查多个域，对要检查的任何其他域重复第(6)步和第(7)步。

(9) 单击"确定"按钮。

如果在用户提交表单时检查多个域，则 onSubmit 事件自动出现在"事件"下拉菜单中。

(10) 如果要分别检查各个域，则检查默认事件是否是 onBlur 或 onChange。

如果不是，从弹出式菜单中选择 onBlur 或 onChange。当鼠标指针从域移开时，这两个事件都触发"检查表单"动作。它们之间的区别是 onBlur 不管用户是否在该域中输入内容都会发生，而 onChange 只有在用户更改了该域的内容时才发生。当指定了该域是必需的域时，最好使用 onBlur 事件。

9.5 创建跳转菜单

例 9-1

【例 9-1】在 table.html 网页左下角插入一个跳转菜单。

跳转菜单可建立 URL 与弹出菜单中的选项之间的关联。通过从列表中选择一项，用户将被重定向(或跳转)到指定的 URL。

(1) 插入跳转菜单。

①光标定位在表格的适当单元格中，选择"插入"→"表单"菜单项，先插入一个表单，再将插入点放在表单轮廓内，选择"插入"→"表单"→"选择"菜单项，插入并选择该下拉列表，单击"属性"面板的"列表值"按钮，添加 4 个选项(图 9-23)。将下拉列表前方的文字 Select:修改为恰当的文字，如友情链接。

②选择该下拉列表，在"行为"面板中单击"+"按钮，在弹出的动作列表中选择"跳转菜单"选项，打开"跳转菜单"对话框(图 9-24)。

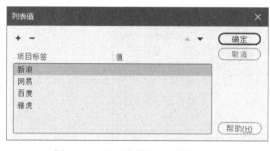

图 9-23 "列表值"对话框(二)　　　　图 9-24 "跳转菜单"对话框

③单击"+"添加菜单项，在"文本"文本框中输入菜单项的名称，在"选择时，转到URL"文本框中输入链接的地址，再设置其他选项。

④单击"确定"按钮。预览网页，出现跳转菜单(图 9-25)。

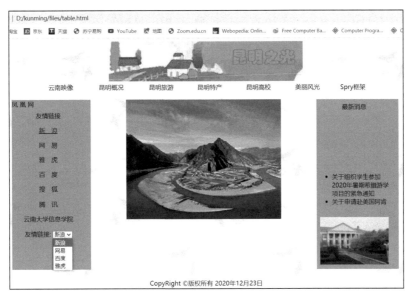

图 9-25　预览跳转菜单

(2)编辑跳转菜单。

编辑跳转菜单的菜单项，可更改列表顺序或项所链接到的文件，也可添加、删除或重命名项。

若要更改链接文件的打开位置，或者添加(或更改)菜单选择提示，则必须使用"行为"面板。

选择跳转菜单，单击"属性"面板上的"列表值"按钮 列表值... ，打开"列表值"对话框(图9-26)，根据需要对菜单项进行更改，然后单击"确定"按钮。

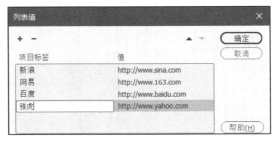

图 9-26　"列表值"对话框(三)

9.6　Web服务器的配置

如果要在本机上发布网站，以Windows 10操作系统为例，配置Web服务器，步骤如下：

(1)打开"控制面板"窗口，查看方式为大图标，双击"程序和功能"图标，单击左边的"启用或关闭Windows功能"链接，打开"Windows功能"窗口(图9-27)，选择"万维网服务"复选框，单击"确定"按钮，安装相应功能。

(2)打开"控制面板"窗口，查看方式为大图标，双击"管理工具"图标，双击"Internet Information Services (IIS)管理器"目标，打开"Internet Information Services (IIS)管理器"窗

口(图 9-28)，右击 Default Web Site 节点，选择"添加虚拟目录"选项，打开"添加虚拟目录"对话框(图 9-29)，在"别名"文本框中输入虚拟目录名 km，单击"浏览"按钮，选择网站的根文件夹，设置网站的物理路径。

图 9-27　"Windows 功能"窗口　　　图 9-28　"Internet Information Services(IIS)管理器"窗口(一)

（3）在"Internet Information Services(IIS)管理器"窗口中，选择虚拟目录 km 选项，单击下方"内容视图"按钮(图 9-30)，右击网页，执行"浏览"命令即可浏览网页。

图 9-29　"添加虚拟目录"对话框　　　图 9-30　"Internet Information Services (IIS)管理器"窗口(二)

（4）打开"控制面板"窗口，查看方式为大图标，双击"Windows Defender 防火墙"图标，单击左边的"允许应用或功能通过 Windows Defender 防火墙"链接，打开"允许应用通过 Windows Defender 防火墙进行通信"窗口(图 9-31)，选择选"安全的万维网服务(HTTPS)"复选框，单击"确定"按钮。

图 9-31 "允许应用通过 Windows Defender 防火墙进行通信"窗口

习　题　9

1. 设计一个 QQ 注册表单(图 9-32)，利用 CSS 美化该表单，并添加"检查表单"行为。

图 9-32 QQ 注册表单(二)

2. 使用 Dreamweaver 制作一个留言本表单网页(图 9-6)。

3. 使用 Dreamweaver 制作一个表单综合实例(图 9-33)。

图 9-33 表单综合实例

第 10 章　模　板　与　库

网站设计过程中需要建立大量风格和布局一致的网页，为避免网页设计人员重复制作网页中的相同部分，Dreamweaver 提供了制作网页模板的功能。当希望编写某种带有共同格式和特征的文档时，可以先通过一个模板产生新的文档，然后在该新文档的基础上入手进行编写。另外，模板最大的一个优点就是一次能更新多个页面。当用户对一个模板进行修改时，所有基于该模板创建并与该模板保持连接状态的文档可以立即更新。

网页设计过程中经常会重复使用某些页面元素，为简化操作，Dreamweaver 提供了库，并将重复使用的元素设置为库项目。

10.1　模　　板

网站的风格统一很重要。可以将各页面版式设置成相同的，包括网站的标题图片、站点名称、导航按钮、表格的编排方式、图片的大小都是固定的。制作一个新的网页这些都不变，只替换文字和一些图片。习惯使用的方法是重新做一页，或者先将这个页面另存为一个文件，然后手动替换文字和图片。如果这样重复制作 N 个网页，是相当麻烦的。

模板的制作思路在许多大型网站上都有应用，如个人博客、各单位的信息发布网站等，它的最大的好处就是减少了重复劳动，并且相关的网站页面风格保持一致。

Dreamweaver 的模板是一种特殊类型的文档，用于设计固定的页面布局，然后用户便可以基于模板创建文档，创建的文档会继承模板的页面布局。设计模板时，可以指定在基于模板的文档中哪些内容是用户可编辑的。模板创作者控制哪些页面元素可以由模板用户(如作家、图形艺术家或其他 Web 开发人员)进行编辑。模板创作者可以在文档中包括数种类型的模板区域。

使用模板可以一次更新多个页面。从模板创建的文档与该模板保持连接状态(除非以后分离该文档)。可以修改模板并立即更新基于该模板的所有文档中的设计。默认情况下 Dreamweaver 模板的页面中的各部分是固定(即不可编辑)的。

使用模板可以控制大的设计区域，以及重复使用完整的布局。如果要重复使用个别设计元素，如站点的版权信息或徽标，可以创建库项目。

通常制作模板文件时，只把导航栏和标题栏等各个页面都有的部分制作出来，而把其他部分留给各个页面安排设置具体内容。制作模板文件与制作普通的网页的方法是相同的，但是在制作模板时，必须设置好页面属性，指定好可编辑区域等。一个模板文件如图 10-1 所示。

图 10-1　模板文件示例

10.1.1 创建模板

1. 将文档存为模板

Dreamweaver 可将网页存储为模板，打开要存储为模板的网页，选择"文件"→"另存为模板"菜单项，弹出"另存为模板"对话框，设置存储位置即可保存网页。

2. 使用"资源"面板创建新模板

使用"资源"面板创建新模板步骤如下：

(1)打开"资源"面板，选择"窗口"→"资源"菜单项。

(2)单击"模板"按钮，切换到"模板"类别。

(3)单击"资源"面板底部的"新建模板"按钮。名称列表中就添加了一个新模板，处于选定状态，为该模板输入一个名称。

(4)名称列表中选择一个模板文件，单击"资源"面板底部的"编辑"按钮，或在名称列表中双击，可在"文档"窗口打开该模板。

3. 使用"文件"菜单创建新模板

使用 Dreamweaver 创建模板时，选择"文件"→"新建"菜单项，弹出"新建文档"对话框(图 10-2)。选择"新建文档"标签，在"文档类型"列表框中选择"</>HTML 模板"选项，布局选无，然后单击"创建"按钮创建模板页。

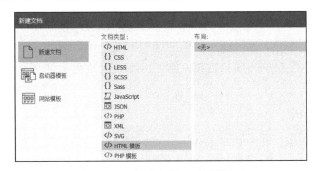

图 10-2 "新建文档"对话框(一)

Dreamweaver 将模板文件保存在站点的本地根文件夹中的 Templates 文件夹中，使用文件扩展名 .dwt。如果该 Templates 文件夹在站点中尚不存在，Dreamweaver 将在保存新建模板时自动创建该文件夹。

注意：不要将模板移动到 Templates 文件夹之外或者将任何非模板文件放在 Templates 文件夹中。此外，不要将 Templates 文件夹移动到本地根文件夹之外。这样做将在模板中的路径中引起错误。

10.1.2 创建可编辑区域

创建模板时，新模板的所有区域都是锁定的，所以要使该模板有用，必须定义一些可编辑区域。模板的可编辑区域就是基于模板的文档中的未锁定区域，它是模板用户可以编辑的部分。

模板创作者可以将模板的任何区域指定为可编辑的。要让模板生效，它应该至少包含一个可编辑区域；否则，将无法编辑基于该模板的页面。

1. 插入可编辑区域

若要插入可编辑模板区域，执行以下操作。

(1)在"文档"窗口中，执行下列操作之一选择区域：

图 10-3 "新建可编辑区域"对话框(一)

①选择想要设置为可编辑区域的文本或内容。

②将插入点放在想要插入可编辑区域的地方。

(2)执行下列操作之一插入可编辑区域：

①选择"插入"→"模板"→"可编辑区域"菜单项。

②右击所选内容，然后选择"模板"→"新建可编辑区域"菜单项。

③在"插入"面板的"模板"类别中，单击"可编辑区域"选项。

(3)出现"新建可编辑区域"对话框(图 10-3)。

(4)在"名称"文本框中为该区域输入唯一的名称。

注意：不能对特定模板中的多个可编辑区域使用相同的名称。不要在"名称"文本框中使用特殊字符。

(5)单击"确定"按钮。

可编辑区域在模板中由高亮显示的矩形边框围绕，该边框使用在首选参数中设置的高亮颜色。该区域左上角的选项卡显示该区域的名称。如果在文档中插入空白的可编辑区域，则该区域的名称会出现在该区域内部(图 10-4)。

图 10-4 可编辑区域

2. 删除可编辑区域

若要删除可编辑区域，执行以下操作。

(1)单击可编辑区域左上角的选项卡以选择它。

(2)执行下列操作之一：

①选择"工具"→"模板"→"删除模板标记"菜单项。

②右击，然后选择"模板"→"删除模板标记"菜单项。

③按 Delete 键。

10.1.3 创建重复区域

重复区域是文档中设置为重复的布局部分。例如，可以设置重复一个表格行。通常重复部分是可编辑的，这样模板用户可以编辑重复元素中的内容，同时使设计本身处于模板创作者的控制之下。在基于模板的文档中，模板用户可以根据需要使用"重复区域控制"选项添加或删除重复区域的副本。可以在模板中插入两种类型的重复区域：重复区域和重复表格。

1. 重复区域

新建重复区域的步骤如下：

(1)在模板文档中，选择要设置为重复区域的文本或内容，或将光标放在想要插入重复区域的地方。

(2)选择"插入"→"模板"→"重复区域"菜单项或右击所选内容，然后从快捷菜单中选择"模板"→"新建重复区域"菜单项。

(3)在弹出的"新建重复区域"对话框中(图10-5)，在"名称"文本框中输入唯一区域的名称。单击"确定"按钮，重复区域就被插入模板中。

注意：重复区域在基于模板的文档中是不可编辑的，除非其中包含可编辑区域。

2. 重复表格

可以使用重复表格创建包含重复行的表格格式的可编辑区域。可以定义表格属性并设置哪些表格单元格可编辑。

若要插入重复表格，执行以下操作。

(1)在"文档"窗口中，将插入点放在文档中想要插入重复表格的位置。

(2)执行下列操作之一：

①选择"插入"→"模板"→"重复表格"菜单项。

②在"插入"面板的"模板"类别中，单击"重复表格"选项。

(3)即会出现"插入重复表格"对话框(图10-6)。

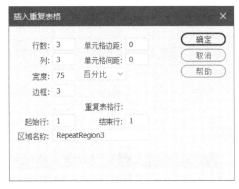

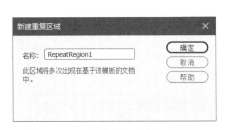

图10-5　"新建重复区域"对话框　　　　图10-6　"插入重复表格"对话框

(4)按需要输入新值，单击"确定"按钮。

重复表格即出现在模板中。

10.1.4　创建嵌套模板

嵌套模板是指其设计和可编辑区域都基于另一个模板的模板。若要创建嵌套模板，必须首先保存原始模板或基本模板，然后基于该模板创建新文档，最后将该文档另存为模板。在新模板中，可以在原来的基本模板中定义为可编辑的区域中进一步定义可编辑区域。

嵌套模板对于控制共享许多设计元素的站点页面中的内容很有用，但在各页之间有些差异。例如，基本模板中可能包含更宽广的设计区域，并且可以由站点的许多内容提供者使用，而嵌套模板可能进一步定义站点内特定部分页面中的可编辑区域。

创建嵌套模板的操作步骤如下：

（1）从嵌套模板要基于的模板创建一个文档，方法是在"资源"面板的"模板"类别中右击模板，然后选择"从模板新建"选项(图 10-7)，"文档"窗口中即会出现一个新文档。

（2）选择"文件"→"另存为模板"菜单项，或者在"插入"面板的"模板"类别中单击"创建嵌套模板"按钮(图 10-8)，打开"另存模板"对话框(图 10-9)，将新文档另存为模板。

（3）在新模板中添加其他内容和可编辑区域。

（4）保存该模板。

图 10-7　从模板新建网页

图 10-8　"模板"类别

图 10-9　"另存模板"对话框(一)

10.1.5　使用模板

1. 创建基于模板的新文档

1)用新建文档方式创建基于模板的网页

（1）选择"文件"→"新建"菜单项，打开"新建文档"对话框，选择"网站模板"选项(图 10-10)。

图 10-10　"新建文档"对话框(二)

（2）在左边"站点"列表框中选择包含要使用的模板的站点。在右边模板列表框中选择想要使用的模板。

（3）单击"创建"按钮即创建了一个基于模板的新页面。

2)用"资源"面板创建基于模板的新网页

（1）在"资源"面板中，单击"模板"按钮查看站点模板。

（2）右击想要应用的模板，从快捷菜单中选择"从模板新建"选项(图 10-7)。

2. 在现有文档上应用模板

(1)打开想要应用模板的文档。

(2)选择"工具"→"模板"→"应用模板到页"菜单项，打开"选择模板"对话框(图10-11)，从"站点"下拉列表框中选择一个站点，再选择该站点中的一个模板，单击"选定"按钮；或者在"资源"面板的"模板"类别中选择模板，然后单击"应用"按钮 <u>应用</u>，或将模板从"模板"面板拖动到"文档"窗口中。

(3)如果文档中有不能自动指定到模板区域的内容，则会出现"不一致的区域名称"对话框。它将列出要应用的模板中的所有可编辑区域，可以为内容选择目标。

图 10-11 "选择模板"对话框

3. 从模板分离文档

(1)打开想要分离的文档。

(2)选择"工具"→"模板"→"从模板中分离"菜单项。

10.1.6 模板实例——批量制作布局相同的网页

例 10-1

【例10-1】用模板批量制作布局相同的多个网页。

创建一个云南大学信息学院的模板 school.dwt(图10-12)。根据该模板制作信息学院主页及其他各系的页面，使得各页面有统一的布局和风格，制作步骤如下。

图 10-12 模板 school.dwt

(1)新建模板。

使用 Dreamweaver 创建模板时，选择"文件"→"新建"菜单项，弹出"新建文档"对话框(图10-2)。选择"新建文档"标签，文档类型选择 HTML 模板，布局选择无，然后单击"创建"按钮创建模板页。

(2)创建表格布局和可编辑区域。

①按照图10-12，插入表格进行布局。在上方表格(2行2列)的单元格中输入标题，中间

1行2列的表格是页面的主体，下方表格(1行1列)是版权信息。

②光标位于中间表格右边单元格中，选择"插入"→"模板"→"可编辑区域"菜单项，打开"新建可编辑区域"对话框(图10-13)，单击"确定"按钮。

③选择"文件"→"保存"菜单项，打开"另存模板"对话框(图10-14)，在"另存为"文本框中输入 school，单击"保存"按钮，则在站点的 Templates 文件夹下保存模板文件 school.dwt。

图 10-13 "新建可编辑区域"对话框(二)

图 10-14 "另存模板"对话框(二)

(3)创建 index.html 页面。

选择"文件"→"新建"菜单项，打开"新建文档"对话框(图 10-15)，选择"网站模板"标签。在左边"站点"列表框中选择站点 km，在右边选择前面创建好的 school 模板，单击"创建"按钮。保存网页时重命名为 index.html，双击 index.html 打开"设计"视图，在 EditRegion1 可编辑区域中输入相应文字内容(图10-16)，保存网页。

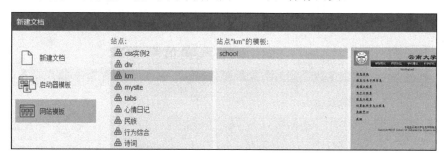

图 10-15 "新建文档"对话框(三)

(4)创建 computer.html 页面。

选择"文件"→"新建"菜单项，打开"新建文档"对话框(图 10-15)，选择"网站模板"标签。在左边"站点"列表框中选择站点 km，在右边选择前面创建好的 school 模板，单击"创建"按钮。保存网页时重命名为 computer.html，双击 computer.html 打开"设计"视图，在 EditRegion1 可编辑区域中输入相应文字内容(图10-17)，保存网页。

(5)创建其他页面。

按照步骤(4)，同理创建"信息与电子科学系"页面 xindian.html、"通信工程系"页面 tongxin.html、"信息工程系"页面 xingong.htm 和"实验室"页面 lab.html。

(6)设置超链接。

在 school.dwt 页面中选择文字"学院主页"，链接文件设为 index.html。

在 school.dwt 页面中选择文字"信息与电子科学系"，链接文件设为 xindian.html。

在 school.dwt 页面中选择文字"通信工程系"，链接文件设为 tongxin.html。

图 10-16 信息学院首页 index.html

图 10-17 computer.html 页面

在 school.dwt 页面中选择文字"信息工程系",链接文件设为 xingong.html。

在 school.dwt 页面中选择文字"计算机科学与工程系",链接文件设为 computer.html。

在 school.dwt 页面中选择文字"实验室",链接文件设为 lab.html。

(7)保存、预览网页。

10.2 库

在网页设计过程中经常会重复使用某些页面元素,为简化操作,Dreamweaver 提供了库,库是一种特殊的 Dreamweaver 文件，将重复使用的元素设置为库项目，并将网站的库项目集中存放在库中进行管理和控制。库中可以存储各种类型的页面元素，如文字、图像、表格、表单、声音和 Flash 文件。每当更改某个库项目的内容时，可以更新所有使用该项目的页面。库项目简化了维护和管理站点的工作。

假设正在为某公司建立一个大型站点。公司想让其广告语出现在站点的每个页面上，但是销售部门还没有最后确定广告语的文字。如果创建一个包含该广告语的库项目并在每个页面上使用，那么当销售部门提供该广告语的最终版本时，可以更改该库项目并自动更新每一个使用它的页面。

Dreamweaver 将库项目存储在每个站点的本地根文件夹内的 Library 文件夹中。每个站点都有自己的库。

10.2.1 创建库项目

可以从文档 body 部分中的任意元素创建库项目，这些元素包括文本、表格、表单、JavaApplet、插件、ActiveX 元素、导航栏和图像。

对于链接项（如图像），库只存储对该项的引用。原始文件必须保留在指定的位置，才能使库项目正确工作。

尽管如此，在库项目中存储图像还是很有用的，例如，可以在库项目中存储一个完整的 <img> 标签，它将可以方便地在整个站点中更改图像的 alt 文本，甚至更改它的 src 属性。

若要基于选定内容创建库项目，执行以下操作：

(1) 在"文档"窗口中，选择文档中想作为库项目的元素，如文字、图像、导航栏等。

(2) 执行下列操作之一：

① 将选择的内容拖到"资源"面板（选择"窗口"→"资源"菜单项）的"库"类别中。

② 在"资源"面板（选择"窗口"→"资源"菜单项）中，单击"资源"面板的"库"类别底部的"新建库项目"按钮🗋。

③ 选择"工具"→"库"→"增加对象到库"菜单项。

(3) 为新的库项目输入一个名称，然后按 Enter 键（图 10-18）。

Dreamweaver 在站点本地根文件夹的 Library 文件夹中，将每个库项目都保存为一个单独的文件（文件扩展名为 .lbi，见图 10-19）。

若要创建一个空白库项目，执行以下操作：

(1) 确保没有在"文档"窗口中选择任何内容。如果选择了内容，则该内容将被放入新的库项目中。

图 10-18　新建库项目

图 10-19　Library 文件夹

(2)在"资源"面板(选择"窗口"→"资源"菜单项)中，单击面板左侧的"库"按钮 📖。

(3)单击"资源"面板底部的"新建库项目"按钮 📂。

一个新的、无标题的库项目将被添加到面板中的列表。

(4)在项目仍然处于选定状态时，为该项目输入一个名称，按 Enter 键。

10.2.2 库项目操作

1. 在文档中插入库项目

当向页面添加库项目时，将把实际内容以及对该库项目的引用一起插入文档中（图 10-20）。

图 10-20 插入库项目

若要在文档中插入库项目，执行以下操作：

(1)将插入点放在"文档"窗口中。

(2)在"资源"面板(选择"窗口"→"资源"菜单项)中，单击面板左侧的"库"按钮 📖。

(3)执行下列操作之一：

①将一个库项目从"资源"面板拖动到"文档"窗口中。

②选择一个库项目，然后单击"资源"面板底部的"插入"按钮 插入。

提示：若要在文档中插入库项目的内容而不包括对该项目的引用，在从"资源"面板向外拖动该项目时按 Ctrl 键。如果用这种方法插入项目，则可以在文档中编辑该项目，但当更新使用该库项目的页面时，文档不会随之更新。

2. 编辑库项目

当编辑库项目时，可以更新使用该项目的所有文档。如果选择不更新，那么文档将保持与库项目的关联，可以在以后更新它们。

对库项目的其他种类的更改包括：重命名项目以断开其与文档或模板的连接、从站点的库中删除项目，以及重新创建丢失的库项目。

若要编辑库项目，执行以下操作：

(1)在"资源"面板(选择"窗口"→"资源"菜单项)中，单击面板左侧的"库"按钮📖。

(2)选择库项目。

库项目的预览出现在"资源"面板的顶部(预览时不能进行任何编辑操作)。

(3)执行下列操作之一：

①单击"资源"面板底部的"编辑"按钮🖍。

②双击库项目。

Dreamweaver 将打开一个用于编辑该库项目的新窗口(图 10-21)。

(4)编辑库项目，然后保存更改。

(5)在出现的"更新库项目"对话框中(图 10-22)，选择是否更新本地站点上使用编辑过的库项目的文档：

①单击"更新"按钮将更新本地站点中所有包含编辑过的库项目的文档。

②单击"不更新"按钮将不更改任何文档，直到使用"工具"→"库"→"更新当前页"或"更新页面"命令才进行更新。

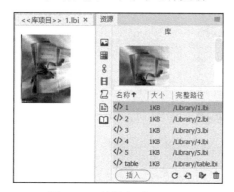

图 10-21　编辑库项目

图 10-22　"更新库项目"对话框

习 题 10

1. 请使用 Dreamweaver 创建一个网页模板，并用该模板制作 4 个不同内容的页面(图 10-23)。

(a)网页 1

(b)网页 2

(c)网页3

(d)网页4

图 10-23　基于模板制作多个页面

2．新建一个网页模板，并用该模板创建 6 个内容不同的页面，每个网页上方具有相同的图片和导航栏(图 10-24)。

(a)网页1

(b)网页2

(c) 网页3

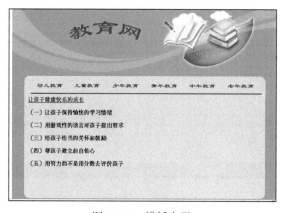

(d) 网页4

图 10-24 用模板批量制作多个网页

3. 新建一个网页模板，并用该模板创建 6 个内容不同的页面，每个网页上方具有相同的图片和导航栏(图 10-25)。

图 10-25 模板布局

第 11 章　网站综合实例

随着因特网的发展，网站已成为企业或个人宣传自己的重要途径之一。一个好的网站就是企业或个人最好的名片。本章将详细介绍一个个人网站的建设过程。先利用 Fireworks 规划首页布局，然后用模板制作其他内容页面。

11.1　实例 1——个人兴趣网站

11.1.1　站点规划

1.　内容规划

个人网站关注的是如何让自己的网站更具有个性魅力，使个人擅长的信息更全面地反映给浏览者。

网站的主体内容由个人日常收藏与爱好组成，从电影、音乐、图书、相册四方面全方位展示个人丰富多彩的生活。

网站包括以下栏目。

(1)"首页"栏目：站点进入页面，栏目目录或综合介绍。

(2)"电影"栏目：4 部热门电影。

(3)"音乐"栏目：4 首热门歌曲。

(4)"图书"栏目：4 本热门书籍。

(5)"相册"栏目：站长收藏的各种海报美图。

在设计风格方面，采用画廊式，力求表现出各栏目的最大特色，达到有效传递信息的目的。

网站首页采用静态图片与动态 Flash 相结合的方式。本网站一级导航采用的是最常见的网状链接，即每个栏目页面之间都建立链接。网状链接的优点是浏览方便，用户可以从当前页面跳转到任何页面中。网站结构如图 11-1 所示。

11-1

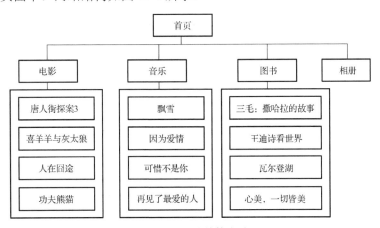

图 11-1　网站结构(一)

2. 规划网站目录结构

在 Dreamweaver 中，使用"站点"→"新建"命令，新建一个本地站点。网站的目录结构是指建立网站时创建的目录。目录结构的好坏对网站本身的上传、维护、内容的扩充和移植有着重要的影响。

为了将文件分门别类地放在不同的文件夹下，本网站的目录结构如下。

（1）images：用于存放图像素材。

（2）pages：用于存放除了首页以外的网页。

（3）css：用于存放 CSS 样式文件。

（4）source：用于临时存放未处理的各种素材，在站点完成后无须上传此文件夹。

有了总体结构，还要收集基本素材，如文本、动画、图片、音乐和视频素材等，将其保存在 source 文件夹中。

11.1.2　前期准备工作

1. 用 Fireworks 规划网页布局

设计的第一步是设计版面布局。可以将网页看作传统的报刊来编辑，这里面有文字、图像、动画等，要做的工作就是以最合适的方式将图片和文字放在页面的不同位置。

首页是浏览者访问一个站点时看到的第一个页面，通过它的链接，进而浏览站点的其他页面。首页的名字通常命名为 index.html 或 default.html。

首页好比书的封面，首页的设计是一个网站是否能够吸引浏览者的关键。访问者往往在看到首页时就已经对站点有一个整体的感觉，所以首页的设计和制作一定要特别重视。

首页大致分为以下 3 种类型。

（1）封面式首页。有的大型网站往往有一个书籍封面式首页，上面除了一幅精美的大图以外，只有一个"进入"链接，单击它之后才进入网站，这种首页设计精美、简洁大方。

（2）期刊式首页。期刊式首页与封面式首页相似，但在首页上又有站点全部内容的目录索引，图文并茂，看上去就像期刊的封面，既漂亮，内容又一目了然，是个人网站值得推荐的形式。

（3）报纸式首页。许多电子商务网站、搜索引擎和新闻信息网站内容丰富，为了速度和操作的简便，往往采用报纸式首页，将栏目索引、功能模块、具体内容一起显示在首页上，看上去就像一张报纸的头版一样。

设计时首先要确定网页外形尺寸，显示器分辨率通常在 1024 像素×768 像素以上，所以就以 1024 像素×768 像素为基准，网页的宽度不要超过 1000 像素，否则网页的设计不能完整地显示出来，只能借助滚动条才能看到。

另外，在设计时要注意画面的图像、文字的视觉分量在上下左右方位都要基本平衡，还要注意视觉上的互相呼应、对比，注重元素疏密搭配。在色彩搭配上，多使用同类色与邻近色，这样显得和谐、有层次感，同时也要适量使用对比色，起到点缀、丰富的作用。

2. 绘制页面布局草图

一个网站中的页面分为首页和内容页两种。首页作为网站的入口，必须为浏览者提供进入栏目页面的链接，首页方便浏览者对相关内容进行有选择的阅读。另外，首页也是整个网站的综合展示，在首页中可以看到各个栏目的相关信息，以吸引浏览者继续阅读。

内容页是指用来放置站点主要内容的页面，是网站的子页面。内容页也包括导航栏、页面的内容链接、文章列表、文章信息和版权信息等。本网站采用横向布局，首页的布局草图如图 11-2 所示，内容页的布局草图如图 11-3 所示。

图 11-2　首页的布局草图

图 11-3　内容页的布局草图(一)

3. 图像素材的准备

图像素材有些可以自己制作，例如，使用 Fireworks 或 Photoshop 制作图片，使用 Flash 制作动画等；有些可以通过其他途径获得，如在网上下载、购买素材光盘等。

通常，为了使已有的图像适合网页制作，需要用图像处理软件进行加工处理。首先需要将素材中相同栏目中的图片素材利用 Fireworks 修改成一致的大小，并根据需要，分别制作大图与缩略图两种效果，以便排版，同时注意文件统一命名方式，如 book1.jpg 和 book1a.jpg 分别代表大图和对应的缩略图。

4. 用 Fireworks 制作切片并导出网页

首页中导入了切片，切片制作步骤如下：

(1)新建 Fireworks 5 文档，导入一幅 801 像素×600 像素的图片(materials\apple.png)。

(2)使用"工具"面板中的"切片"工具在图片上方绘制 5 个 100 像素×40 像素的切片，中央绘制一个大小为 575 像素×400 像素的切片(图 11-4)。

(3)选择"文件"→"导出"菜单项，弹出"导出"对话框。在"导出"下拉列表框中选择"HTML 和图像"选项。在"文件名"文本框中输入希望的文件名称 index.html。在"切片"下拉列表框中选择"导出切片"选项，选择"将图像放入子文件夹"复选框，则会将所有切片生成的图像保存到站点的图像文件夹内。

(4)用 Fireworks 5 制作 5 个 100 像素×40 像素，以相应切片为背景的图像按钮(图 11-5)。

图 11-4　绘制切片

图 11-5　5 个图像按钮

5. 用 Flash 制作动画

首页中央的大幅 Banner 采用了 Flash 动画。待首页切片导入后再在相应位置上插入 Flash 动画。制作步骤如下：

(1)确定 Flash 动画的大小，由于该动画需要嵌入设计好的网页中，所以要严格规范 Flash 动画的大小，设为 575 像素×400 像素。首先准备好 4 张大小一致(575 像素×400 像素)、风格相近的图像素材，分别代表首页、电影、音乐和图书，如图 11-6 所示。

图 11-6　Flash 动画的图像素材

(2)制作一个逐帧动画 img.fla。最后选择"文件"→"导出"→"导出影片"菜单项，保存成 img.swf 文件。

逐帧动画的每一帧都是关键帧，都可以进行单独编辑，而且每一帧都需要单独制作，不使用 Flash 的自动生成功能，因此制作出来后文件相对较大。

①启动 Flash 5.5，选择"文件"→"新建"菜单项，打开"新建文档"对话框(图 11-7)，选择 Action Script 3.0 选项，单击"确定"按钮，新建一个 Flash 文档。

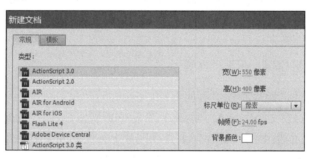

图 11-7　"新建文档"对话框

②选择"时间轴"面板的第 1 帧，选择"文件"→"导入"→"导入到舞台"菜单项，在工作区中导入图 1.jpg。

③在"时间轴"面板的第 20 帧上右击，在弹出的快捷菜单上选择"插入空白关键帧"选项，选择"文件"→"导入"→"导入到舞台"菜单项，在工作区中导入图 2.jpg。

④使用以上方法，分别在第 40 帧、第 60 帧和第 80 帧导入 3.jpg, 4.jpg 和 1.jpg，"时间轴"面板如图 11-8 所示。

图 11-8　"时间轴"面板

在每个关键帧处右击，从弹出的菜单中选择"创建传统补间"选项(图11-9)，产生一个黑色的箭头。

图 11-9　创建传统补间

⑤执行"控制"→"播放"命令，即可预览逐帧动画效果。

⑥执行"文件"→"导出"→"导出影片"命令，将其保存成 img.swf 文件。

11.1.3　网页制作

1. 首页布局

本网站的首页采用期刊式，在首页上有内容的目录索引，在中心区域还放置了一个 Flash 动画，这样设计既简洁漂亮，又使网站的内容一目了然。

双击首页 index.html，选择"插入"→"图像对象"→Fireworks HTML 菜单项(DW CS6)，在打开的"插入 Fireworks HTML"对话框中选择导出的文件 index.html，即可打开刚才 Fireworks 导出的网页，进入该页的编辑状态。删除上方 5 个切片后分别插入 5 个图像按钮，删除中央切片后插入 Flash 动画 img.swf(图11-10)。

图 11-10　首页 index.html

2. 制作内容页面模板

内容页面的设计包括主体版面布局的确定、版面颜色和字体的选择、主体版面各模块的添加、图片和链接的设置等。

内容页面分为上下两个部分，本网站有一组风格相同的 12 个网页，外观相同，只是具体内容不同，因此可以用模板来制作。用模板来制作网站的好处是能够快速制作具有统一风格的多个网页，提高网站设计与制作的效率，并且修改模板一次可更新多个页面。

分别为"电影"、"音乐"、"图书"和"相册"每个栏目制作一个模板文件,名称分别为content1.dwt、content2.dwt、content3.dwt、content4.dwt。在适当位置插入可编辑区域,为顶部的导航文字和缩略图添加相应的超链接,为整个表格添加背景图像。4个模板文件如图11-11所示。

(a)"电影"页面模板文件

(b)"音乐"页面模板文件

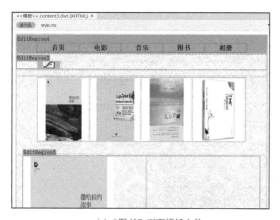

(c)"图书"页面模板文件

(d)"相册"页面模板文件

图 11-11　4 个模板文件

3. 基于模板制作内容页面

模板文件建好之后,只要在建立新的 HTML 文件时选择要套用的模板就可以轻松制作出外观统一的众多页面。而且,今后修改模板文件时,软件会自动更新使用了该模板的网页,大大提高了工作效率。

基于已建好的模板文件制作网页步骤如下:

(1)新建网页,选择"工具"→"模板"→"应用模板到页"菜单项,打开"选择模板"对话框(图 11-12)。选择相应模板文件,如电影模板 content1。

(2)此时页面变成模板文件的样子,其中在模板设定的可编辑区域内的文字和图片是可以修改的,而其他部分则无法修改。接下来,只要把相应的内容插入各自的可编辑区域即可完成内容页面的制作。

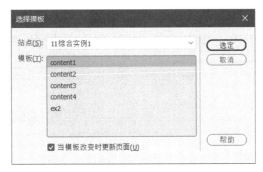

图 11-12 "选择模板"对话框(一)

(3)重复此操作,将"电影"、"音乐"、"图书"和"相册"页面制作完成(图 11-13)。

(a)"电影"页面

(b)"音乐"页面

(c)"图书"页面

(d)"相册"页面

图 11-13 制作内容页面

11.2 实例2——宫崎骏漫画网站

11.2.1 站点规划

1. 内容规划

宫崎骏漫画网站从人物介绍、主要成就、作品相册、其他、留言五方面全方位展示宫崎骏的个人介绍及漫画作品等。

网站包括以下栏目。

(1)"首页"栏目：站点的第一个页面，显示宫崎骏的漫画相册及视频介绍。

(2)"人物介绍"栏目：宫崎骏简介。

(3)"主要成就"栏目：宫崎骏的成就。

(4)"作品相册"栏目：站长收藏的各种宫崎骏漫画。

(5)"其他"栏目：使用层和行为，实现鼠标指针移入、移出缩略图时，显示或隐藏对应的原图。

(6)"留言"栏目：留言本。

在设计风格方面，采用模板统一各网页的布局效果，一级导航采用网状链接，确保每个栏目的页面之间都可以通过链接相互到达，方便访问。网站结构如图11-14所示。

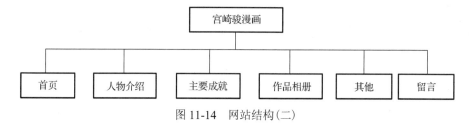

图 11-14 网站结构(二)

2. 规划网站目录结构

在 Dreamweaver 中，使用"站点"→"新建"命令，新建一个本地站点。

为了将文件分门别类地放在不同的文件夹下，本网站的目录结构如下。

(1)images：用于存放图像素材。

(2)files：用于存放除了首页以外的网页。

(3)imag：网站相册的源文件夹，用于存放网站相册的源图片。

(4)album：网站相册的目标文件夹，用于存放网站相册生成的各种子文件夹及相册首页。

(5)Templates：用于临时存放未处理的各种素材，在站点完成后无须上传此文件夹。

(6)others：用于存放音频、动画、视频等多媒体文件，如.mp3、.swf、.fla、.mp4 文件等。

11.2.2 前期准备工作

1. 绘制页面布局草图

网页包括 Logo 图片、标题、一级导航栏、页面的内容链接、文章列表、文章信息和版权信息、日期等。每个网页除了页面主体内容不同，其他部分都相同。内容页布局草图如图 11-15 所示。

2. 图像素材的准备

为保证首页上漫画作品相册显示的图像大小一致，首先利用图像处理软件把所需图像修改成相同尺寸，并为"其他"栏目的两个图像分别制作原图的缩略图，如 change1a.jpg，change1.jpg 分别代表原图和对应的缩略图。

3. 制作 Flash 动画

图 11-15　内容页的布局草图(二)

可按照前述方法制作多个逐帧动画，选择"文件"→"导出"→"导出影片"菜单项，将其保存成 SWF 文件，以备将来在 Dreamweaver 中插入动画。

11.2.3　网页制作

1. 创建外部层叠样式表文件

根据第 6 章创建 CSS 的方法，新建外部样式表文件 style.css(图 11-16)，style.css 代码如下：

```
.content {                    /*格式化网页文字*/
    font-size: 14px;
    line-height: normal;
    font-family: "宋体";
}
a:visited {                   /*格式化访问过的超链接*/
    font-style: normal;
    border: thin dotted #0099FF;
    color: #00F;
    text-decoration: none;
}
a:link {                      /*格式化未访问过的超链接*/
    text-decoration: none;
}

a:hover {                     /* 格式化悬停的超链接 */
    font-style: normal;
    text-decoration: underline overline;
    color: #3300FF;
    font-size: 14px;
}
.border {                     /* 格式化边框 */
    border: thin dashed #6600FF;
}
.bg {                         /* 格式化背景图像 */
    background-image: url(images/bg.gif);
}
```

图 11-16　style.css

2. 创建模板文件

本网站有一组风格相同的网页，外观相同，只是具体内容不同，为了快速建立风格统一的多个网页，提高网站设计与制作的效率，本网站用模板来制作。

新建一个模板文件，名称为 back.dwt，页面分为上、中、下三部分。步骤如下：

(1)在上方插入表格 1(2 行 6 列)，相应单元格合并，输入标题文字和导航文字。设置表格 1 的背景色为#FFCC99，设置第 2 行的背景色为#CCCCCC。选择"插入"→"HTML"→"鼠标经过图像"菜单项，在左上角插入图像。在"代码"视图用<marquee>宫崎骏</marquee>，将"宫崎骏"三个字设置为向左滚动。

(2)在中央位置插入表格 2(1 行 1 列)，选择"插入"→"模板"→"可编辑区域"菜单项，在单元格中插入一个可编辑区域。

(3)在下方插入表格 3(1 行 1 列)，居中插入版权信息和当前日期，设置表格 3 的背景色也为#FFCC99。

(4)选择表格 2 的<tr>标签，应用.bg 类样式，为表格 2 的行设置背景图像。模板文件 back.dwt 如图 11-17 所示。

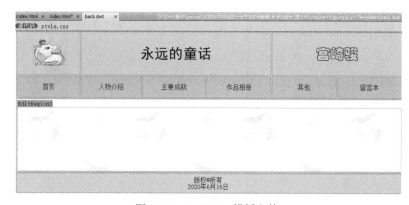

图 11-17　back.dwt 模板文件

(5)等其他网页制作完毕后，为顶部的一级导航文字添加相应的超链接。

3. 基于模板制作网页

基于已建好的模板文件制作网页步骤如下：

(1)新建网页，选择"工具"→"模板"→"应用模板到页"菜单项，打开"选择模板"对话框(图 11-18)，选择相应模板文件 back。

(2)此时页面变成模板文件的样子，其中在模板设定的可编辑区域内的文字和图片是可以修改的，而其他部分则无法修改。接下来，只要把相应的内容插入各自的可编辑区域即可完成内容页面的制作。

(3)重复此操作，将"首页"、"人物介绍"、"主要成就"、"作品相册"、"其他"和"留言"页面制作完成(图 11-19)。

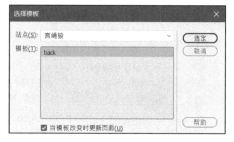

图 11-18　"选择模板"对话框(二)

制作模板文件

(a) "首页"页面

(b) "人物介绍"页面

首页制作

人物介绍

主要成就

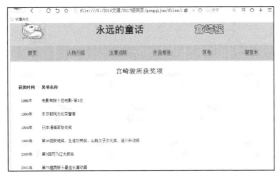

(c) "主要成就"页面

作品相册

其他

留言

(d) "作品相册"页面

(e) "其他"页面

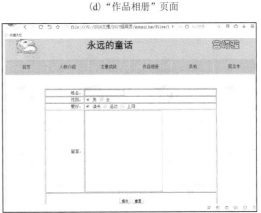

(f) "留言"页面

图 11-19 基于模板制作多个页面

注意：

(1)作品相册使用 Dreamweaver 8 的菜单完成。

选择"命令"→"创建网站相册"菜单项，打开"创建网站相册"对话框(图 11-20)设置相册标题为"宫崎骏漫画赏析"，设置源图像文件夹为 images 文件夹，目标文件夹为空白的album 文件夹，缩略图大小设置为 200×200，列设置为 4，单击"确定"按钮即可自动生成作品相册。

(2)将系统生成的所有相册页面，修改为用 back 模板布局。

为保证网页布局风格统一，打开系统自动生成的相册首页，以及相册的每个图片页面，分别将网页内容全选后剪切，再执行"工具"→"模板"→"应用模板到页"命令，打开

"选择模板"对话框，选择模板文件 back，单击"选定"按钮。然后将光标定位在可编辑区内，按 Ctrl+V 键粘贴之前剪切的内容即可。应用 back 模板到相册首页及子页以后，如图 11-21 所示。

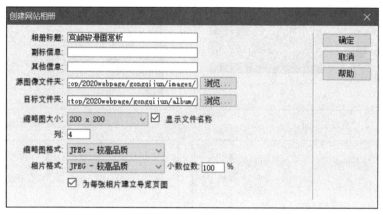

图 11-20 "创建网站相册"对话框

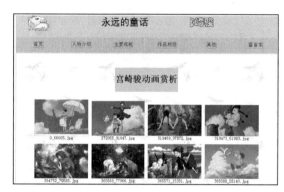

(a)相册首页

(b)相册子页

图 11-21 相册首页及子页

（3）"其他"栏目的制作。

选择第 1 个缩略图，添加两个"显示-隐藏元素"行为（图 11-22），当鼠标指针移入第 1 个缩略图时，隐藏初始层div "init"（隐藏）和 div "Layer2"（隐藏），显示对应大图（div "Layer1"（显示））；移出第 1 个缩略图时，隐藏 div "Layer1"（隐藏）和 div "Layer2"（隐藏），显示吉卜力工作室简介（div "init"（显示））。第 1 个缩略图的"行为"面板如图 11-23 所示。同理，为第 2 个缩略图也添加两个"显示-隐藏元素"行为。

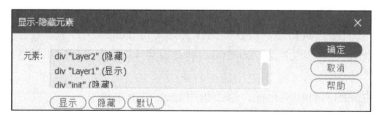

(a)onMouseOver 事件

(b) onMouseOut 事件

图 11-22   行为事件

图 11-23   第 1 个缩略图的"行为"面板

预览"其他"栏目网页 other.html（图 11-24）。

(a) 鼠标指针移入缩略图

(b) 鼠标指针移出缩略图

图 11-24   "显示-隐藏元素"行为的效果图

网页<head>与</head>之间的 CSS 代码如下：

```
<head><style>
#init {
    position: absolute;
    left: 550px;
    top: 200px;
    width: 650px;
    height: 432px;
    z-index: 1;
    visibility: visible;
}
#Layer1 {
```

```
        position: absolute;
        left: 550px;
        top: 200px;
        width: 529px;
        height: 454px;
        z-index: 2;
        visibility: hidden;
    }
    #Layer2 {
        position: absolute;
        left: 550px;
        top: 200px;
        width: 547px;
        height: 458px;
        z-index: 3;
        visibility: hidden;
    }
    </style></head>
```

在<body>与</body>之间定义了三个层，代码如下：

```
<body>
    <div    id="Layer2"><img    src="../images/change2a.jpg"    width="450"
height="400" /></div>
    <div    id="Layer1"><img    src="../images/change1a.jpg"    width="545"
height="444" /></div>
    <div id="init"> <p><span class="title" style="font-size: 14px"><strong>
吉卜力工作室<br />…</div>
    </body>
```

11.3 测试发布网站

1. 本地测试

制作好站点中的所有页面后，首先要对整个网站进行测试。测试使用的最基本的方法就是先在 Dreamweaver 中打开首页，然后按 F12 键预览网页。在浏览器中测试每一个页面，观察内容是否能正确显示，链接是否能正确打开，图片是否能显示出来。

确保整个站点能正确工作以后，为进一步测试超链接的正确性，可以使用以下方法：

将整个站点根目录复制到另一个位置，然后在浏览器中打开网站首页，测试是否所有的超链接都能正确工作。使用这种方法能够检测出使用绝对路径创建出的不正确的超链接。如果有无法正确跳转的超链接，应回到原来的站点中，打开相应页面重新设置超链接。

2. 申请域名空间

网站制作完毕，要发布到因特网上，才能让全世界的人看到。对于大型企业，可以选择自架服务器或主机托管；对于中小型企业或个人网站，通常选用虚拟主机。针对网页爱好者，可以申请免费的网站空间。申请步骤为：

(1)取一个名字，即账号。

(2)在申请页面上设定密码并填写一些关于自己和主页的资料，如姓名、身份证、E-mail和单位等。

(3)登录成功，服务器会发一封确认信。过一段时间后会收到账号开通的邮件，该邮件中包括 FTP 地址、FTP 账号和密码、免费域名等，这些需自行记录保管，这样就成功申请到了网站空间。

3. 上传与发布站点

主页空间申请成功后，要上传网站到服务器，给因特网上的用户浏览，上传网站的方法有多种，既可以利用 Dreamweaver 的上传功能，也可以用 CuteFTP 等上传软件来完成上传。

4. 站点的维护与更新

网站建成后，要定期对站点进行维护与更新。特别是对于商业网站来讲，对维护工作的要求更加严格。网站要能够持久地吸引用户，必须要不断地更新网站内容，对用户保持新鲜度。

主要工作包括：

(1)服务器及相关软硬件的维护、对可能出现的问题进行评估、制定响应时间。网站服务不仅要保护用户的数据不被泄露，还要保证服务的有效性。网站的安全是网站生存的一个必要条件。

(2)数据库维护，有效地利用数据是网站维护的重要内容，因此要重视数据库的维护。

(3)网站内容的更新、调整等。在内容上要突出时效性和权威性，并且要不断推出新的服务栏目，必要时重新进行建设。

(4)制定相关网站维护的规定，将网站维护制度化、规范化。

习　题　11

综合利用网页"三剑客"Dreamweaver、Fireworks 和 Flash 软件以及所学知识，制作一个不少于 5 个页面的个人网站，要求如下。

(1)确定网站设计方案：

①确定网站主题；

②从 Internet 上收集素材和创作网站；

③确定站点结构、配色方案；

④确定网页的布局方案。

(2)设计网站的首页及其他内容页面，绘制首页和其他内容页面布局草图。

(3)制作网页首页：切割图片、制作动画、添加样式、添加文字和图片等。

(4)制作其他内容页面，创建外部样式表，以统一网站各网页的风格，完善网站。

(5)提交实训报告和作品的电子版。

第 12 章　JavaScript 语言基础

12.1　JavaScript 简介

1. JavaScript 脚本语言

网页嵌入技术有 JavaScript、VBScript、Document Object Model（DOM，文档对象模型）、Layers（层）和 Cascading Style Sheets。在第 6 章介绍过层、层叠样式表，本章介绍 JavaScript。

JavaScript 是网景（Netscape）公司开发的一种基于客户端浏览器、面向（基于）对象、事件驱动式的网页脚本语言，它是为适应动态网页制作的需要而诞生的一种新的编程语言。

在 HTML 基础上，使用 JavaScript 可以开发交互式 Web 网页。JavaScript 的出现使得网页和用户之间实现了一种实时性的、动态的、交互性的关系，使网页包含更多活跃的元素和更加精彩的内容。运行用 JavaScript 编写的程序需要能支持 JavaScript 语言的浏览器。JavaScript 短小精悍，又是在客户机上执行的，大大提高了网页的浏览速度和交互能力。

JavaScript 使网页增加互动性，JavaScript 能及时响应用户的操作，对提交表单做即时的检查，无须浪费时间交由 CGI 验证。

2. 网页中引入 JavaScript

网页中引入 JavaScript 有两种方式：直接方式和引用方式。

1）直接方式

直接方式分为两种形式：代码块引用和代码行引用

①代码行引用：<a href="javascript:alert('hello!')">云南大学</a>。

这种形式应用比较简单、直观、多用于测试。

②代码块引用：这是最常用的形式，使用标签：<script>…</script>，例如：

```
<body><script type="text/javascript">
document.write("这是 JavaScript！采用直接插入的方法！");
</script></body>
```

网页效果如图 12-1 所示。

图 12-1　JavaScript 输出语句

2) 引用方式

如果已经存在一个 JavaScript 源文件（通常以.js 为扩展名），则可以采用这种引入 JavaScript 的方式，以提高程序代码的利用率。其基本格式如下：

```
<script src="url" type="text/javascript"></script>
```

其中，url 是程序文件的地址。同样的，这样的语句可以放在 HTML 文档头部或正文的任何部分。例如，首先创建一个 JavaScript 源代码文件 Script.js，其内容如下：

```
document.write("这是 JavaScript! 采用直接插入的方法！");
```

在网页中可以按如下方式调用程序：

```
<body><script src="Script.js" type="text/javascript"></script></body>
```

也可以在导入文件的同时制定 javaScript 的版本，例如：

```
<script src="Script.js" type="text/javascript; version=1.8"></script>
```

12.2 JavaScript 的数据类型

JavaScript 脚本语言和其他语言一样，有其自身的基本数据类型、运算符、表达式以及程序的基本框架结构。JavaScript 五种基本的数据类型有数字、字符串、布尔、undefined 和 null。

在基本数据类型中，数据可以是常量或变量。JavaScript 采用弱类型的形式，因此一个变量或常量不必事先声明，而是在使用或赋值时确定其数据类型。当然也可以先声明该数据的类型。

1. 数字

数字可以带小数点，也可以不带。

```
var x1=34.00;
var x2=34;
```

极大或极小的数字可以通过科学（指数）计数法来书写：

```
var y=123e5;    // 12300000
var z=123e-5;   // 0.00123
```

2. 字符串

字符串是存储字符（如 "Bill Gates"）的变量。字符串可以是引号中的任意文本。可以使用单引号或双引号。

```
var carname="Bill Gates";
var carname='Bill Gates';
```

3. 布尔

布尔（逻辑）只能有两个值：true 或 false。布尔常用在条件测试中。

```
var x=true;
var y=false;
```

4. undefined 和 null

undefined 类型只有一个值，就是 undefined。undefined 这个值表示变量不含有值。

```
var b = undefined;  //变量 b 的值为 undefined,与 var b; 相同
```

可以通过将变量的值设置为 null 来清空变量。

```
cars=null;
person=null;
```

12.3　变量与数组

12.3.1　变量

1. 变量的定义

值可以改变的量称为变量，变量是存储信息的容器，变量占据一段内存，通过变量的名字可以调用内存中的信息。

变量定义格式：

var　<变量名表>;

可以在一条语句中声明很多变量。该语句以 var 开头，并使用逗号分隔变量即可：

```
var name="Gates", age=56, job="CEO";
```

注意：

(1)JavaScript 的变量是弱变量，不经过声明就可以使用，建议先利用 var 声明。

(2)JavaScript 语句后面可以加分号，也可以不加。建议加上分号。例如：

```
var my=5;
var mysite="dreamdu";
```

其中，var 是 JavaScript 的保留字，变量名表示用户自定义标识符，变量之间用逗号分开。和 C++等程序不同，在 javaScript 中，变量声明不需要给出变量的数据类型。此外，变量也可以不声明而直接使用。

①var 代表声明变量(声明就是创建的意思)。var 是 variable 的缩写。

②my 与 mysite 都为变量名(可以任意取名)，必须使用字母或者下划线(_)开始。

③5 与 dreamdu 都为变量值，5 代表一个数字，dreamdu 是一个字符串，因此应使用双引号。

④变量名称对大小写敏感。

⑤用分号来结束语句是可选的。

⑥JavaScript 注释可用于提高代码的可读性。JavaScript 不会执行注释。单行注释以 // 开头。多行注释以 /* 开始，以 */ 结尾。

2. JavaScript 变量命名规则

(1)变量名必须使用字母或者下划线(_)开始。

（2）变量名必须由英文字母、数字、下划线（_）组成。

（3）变量名不能使用 JavaScript 关键词与 JavaScript 保留字，而且不能使用 JavaScript 语言内部的单词，如 Infinity、NaN、undefined。函数名、label 名等命名规则与变量名命名规则相同。

3. 变量的作用域

变量的作用域由声明变量的位置决定，决定哪些脚本命令可访问该变量。在函数外部声明的变量称为全局变量，其值能被所在 HTML 文件中的任何脚本命令访问和修改。在函数内部声明的变量称为局部变量。只有当函数执行时，变量才被分配临时空间，函数结束后，变量所占据的空间被释放。局部变量只能被函数内部的语句访问，只对该函数是可见的，而在函数外部是不可见的。

【例 12-1】变量的使用（图 12-2）。

例 12-1

```
<html><head></head>
<body>
<script type="text/javascript">
var mysite="dreamdu<br>";
document.write(mysite);
var a=2;
var b=5;
document.write(a+b);
</script></body></html>
```

12.3.2 数组

数组对象的作用是：使用单独的变量名来存储一系列的值。声明数组时，用 new 和 Array 关键字，new 代表建立一个新的对象，Array 是 JavaScript 内置的一个对象，由于 JavaScript 区分大小写，所以 Array 的首字母必须大写。

数组有四种定义的方式

```
var a = new Array( );
var b = new Array(8);
var c = new Array("first", "second", "third");
var d = ["first", "second", "third"];
```

Array 只有一个属性，就是 length，length 表示数组所占内存空间的数目，而不仅仅是数组中元素的个数，对于以上定义的数组 b，b.length 的值为 8。

数组元素通过下标来引用，C 语系中数组下标是从 0 开始的，最大值是 N–1（若有定义 var a=new Array（N））。

【例 12-2】输出数组元素（图 12-3）。

例 12-2

```
for (i=0;i<mycars.length;i++)
{document.write(mycars[i] + "<br />")}
</script></body></html>
```

图 12-2 网页上输出变量的值   图 12-3 输出数组元素

也可使用 for…in 声明来循环输出数组中的元素。

【例 12-3】用 for…in 输出数组元素。

例 12-3

```
<html><body>
<script type="text/javascript">
var x
var mycars = new Array( )
mycars[0] = "张明"
mycars[1] = "王强"
mycars[2] = "李玉"
for (x in mycars)
{document.write(mycars[x] + "<br />")}
</script></body></html>
```

12.4 表达式与运算符

JavaScript 提供了丰富的运算功能，包括算术运算、关系运算、逻辑运算和连接运算。

12.4.1 算术运算符

算术运算符用于执行变量与值之间的算术运算。JavaScript 中的算术运算符有单目运算符和双目运算符。

双目运算符包括+(加)、−(减)、*(乘)、/(除)、%(取余)等。

单目运算符有++(自增 1)、−−(自减 1)。

给定 y=5，表格 12-1 解释了这些算术运算符。

表 12-1 算术运算符

运算符	描述	例子	结果
+	加	x=y+2	x=7
−	减	x=y−2	x=3
*	乘	x=y*2	x=10
/	除	x=y/2	x=2.5
%	求余数（保留整数）	x=y%2	x=1
++	自增 1	x=++y	x=6
−−	自减 1	x=− −y	x=4

12.4.2 关系运算符

关系运算符又称比较运算，比较运算符在逻辑语句中使用，以测定变量或值是否相等。

运算符包括<(小于)、<=(小于等于)、>(大于)、>=(大于等于)、==(等于)、!=(不等于)以及===(全等)。

关系运算的运算结果为布尔值，如果条件成立，则结果为 true；否则为 false。

给定 x=5，表格 12-2 解释了关系运算符。

表 12-2　关系运算符

运算符	描述	例子
==	等于	x==8 为 false
===	全等(值和类型)	x===5 为 true；x==="5" 为 false
!=	不等于	x!=8 为 true
>	大于	x>8 为 false
<	小于	x<8 为 true
>=	大于或等于	x>=8 为 false
<=	小于或等于	x<=8 为 true

可以在条件语句中使用比较运算符对值进行比较，然后根据结果来采取行动：

```
if (age<18)document.write("Too young");
```

12.4.3 逻辑运算符

逻辑运算符有&&(逻辑与)、||(逻辑或)、!(取反，逻辑非)。

逻辑运算符用于测定变量或值之间的逻辑。

给定 x=6 以及 y=3，表 12-3 解释了逻辑运算符。

表 12-3　逻辑运算符

运算符	描述	例子
&&	and	(x < 10 && y > 1) 为 true
||	or	(x==5 || y==5) 为 false
!	not	!(x==y) 为 true

12.4.4 字符串连接运算符

连接运算用于字符串操作，运算符为+(用于强制连接)，将两个或多个字符串连接为一个字符串。

```
txt1="What a very";
txt2="nice day";
txt3=txt1+txt2;
```

在以上语句执行后，变量 txt3 包含的值是 What a verynice day。

```
x=5+"5";
document.write(x);
输出 55。
```

规则：如果把数字与字符串相加，结果将成为字符串。

12.4.5　三目操作符

三目操作符格式为：

操作数?表达式 1:表达式 2

三目操作符?:构成的表达式，其逻辑功能为：若操作数的结果为 true，则表述式的结果为表达式 1，否则为表达式 2。例如，max=(a>b)?a:b；该语句的功能就是将 a、b 中的较大的数赋予 max。

12.4.6　赋值运算符

赋值运算符用于给 JavaScript 变量赋值。

给定 x=10 和 y=5，表 12-4 解释了赋值运算符。

表 12-4　赋值运算符

运算符	例子	等价于	结果
=	x=y		x=5
+=	x+=y	x=x+y	x=15
–=	x–=y	x=x–y	x=5
*=	x*=y	x=x*y	x=50
/=	x/=y	x=x/y	x=2
%=	x%=y	x=x%y	x=0

12.4.7　表达式

表达式是指将常量、变量、函数、运算符和括号连接而成的式子。根据运算结果的不同，表达式可分为算术表达式、字符表达式、和逻辑表达式等。

```
x*y+10;                 //算术表达式
"good "+ "night"        //字符表达式
x < 10 && y > 1         //逻辑表达式
```

12.5　条件语句

条件语句用于基于不同的条件来执行不同的动作。在 JavaScript 中，可以使用条件语句来完成该任务：

(1)if 语句——只有当指定条件为 true 时，才使用该语句来执行代码块。

(2)if…else 语句——当条件为 true 时执行代码块；当条件为 false 时执行其他代码块。

(3)if…else if…else 语句——使用该语句来选择多个代码块之一来执行。

(4)switch 语句——使用该语句来选择多个代码块之一来执行。

12.5.1　if 语句

1.　if 语句

单分支语句，当条件为 true 时，执行其后的代码块。

语法：

if（条件）

{　只有当条件为 true 时执行的代码块　}

注意：小写 if。使用大写字母（IF）会生成 JavaScript 错误。

例如，当时间小于 20:00 时，生成一个 Good day 问候：

```
if (time<20)
  { x="Good day"; }
```

2. if…else 语句

双分支语句，当条件为 true 时，执行其后的代码块，否则执行 eles 紧跟着的代码块。

语法：

if（条件）

　{　当条件为 true 时执行的代码块　}

else

{　当条件为 false 时执行的代码块}

例如，当时间小于 20:00 时，将得到问候 Good day；否则将得到问候 Good evening：

```
if (time<20)
  { x="Good day"; }
else
  { x="Good evening"; }
```

3. if…else if…else 语句

双分支语句，根据条件执行某一个代码块。

语法：

if（条件 1）

　{　当条件 1 为 true 时执行的代码块　}

else if（条件 2）

　{　当条件 2 为 true 时执行的代码块　}

else

{　当条件 1 和 条件 2 都不为 true 时执行的代码块　}

例如，如果时间小于 10:00，则将发送问候 Good morning；如果时间小于 20:00，则发送问候 Good day，否则发送问候 Good evening：

```
if (time<10)
  { x="Good morning"; }
else if (time<20)
  { x="Good day"; }
else
  { x="Good evening"; }
```

12.5.2　switch 语句

switch 语句用于基于不同的条件来执行不同的动作。

语法：

switch（表达式）

{case 1:

执行代码块 1

　break;

case 2:

执行代码块 2

　break;

default:

　表达式 与 case 1 和 case 2 不同时执行的代码块

}

工作原理：首先设置表达式（通常是一个变量）。随后表达式的值会与结构中的每个 case 的值做比较。如果存在匹配，则与该 case 关联的代码块会被执行。用 break 来阻止代码自动地向下一个 case 运行。

【例 12-4】显示今日的周名称（图 12-4）。注意 Sunday=0，Monday=1，Tuesday=2 等。

例 12-4

```
<html><body>
<script type="text/javascript">
var day=new Date( );
switch (day.getDay( ))
{case 0:  x="Today it's Sunday";  break;
 case 1:  x="Today it's Monday";  break;
 case 2:  x="Today it's Tuesday";  break;
 case 3:  x="Today it's Wednesday";  break;
 case 4:  x="Today it's Thursday";  break;
 case 5:  x="Today it's Friday";  break;
 case 6:  x="Today it's Saturday";  break;
}
document.write(x);
document.write("<br/>");
</script></body></html>
```

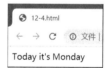

图 12-4　switch 语句

在本例中，语句 var day=new Date()；通过 new 关键词创建一个名为 day 的时间对象实例，用 Date()方法获得当日的日期，用 getDay()方法获得当前的星期。

12.6　循 环 语 句

如果希望一遍又一遍地运行相同的代码块，并且每次的值都不同，那么使用循环语句是很方便的。

我们可以这样输出数组的值：

```
document.write(cars[0] + "<br>");
document.write(cars[1] + "<br>");
document.write(cars[2] + "<br>");
```

通常可以这样写：

```
for (var i=0;i<cars.length;i++)
{ document.write(cars[i] + "<br>"); }
```

循环可以将代码块执行指定的次数。JavaScript 支持不同类型的循环：

(1) for——循环执行代码块一定的次数。

(2) for/in——循环遍历对象的属性。

(3) while——当指定的条件为 true 时循环执行指定的代码块。

(4) do/while——同样当指定的条件为 true 时循环执行指定的代码块。

12.6.1 for 语句

for 语句的语法：

for (语句 1; 语句 2; 语句 3)

   { 被执行的代码块

   }

语句 1 在循环(代码块)开始前执行。

语句 2 定义运行循环(代码块)的条件。

语句 3 在循环(代码块)已被执行之后执行。

实例：

```
for (var i=0; i<5; i++)
  { x=x + "The number is " + i + "<br>";
  }
```

语句 1 在循环开始之前设置变量 (var i=0)。

语句 2 定义循环运行的条件(i < 5)。

语句 3 在每次代码块已被执行后增加一个值 (i++)。

(1) 语句 1。

通常我们会使用语句 1 初始化循环中所用的变量 (var i=0)。

语句 1 是可选的，可以在语句 1 中初始化任意(或者多个)值。

实例：

```
for (var i=0,len=cars.length; i<len; i++)
{ document.write(cars[i] + "<br>");
  }
```

同时还可以省略语句 1(如在循环开始前已经设置了值时)。

实例：

```
var i=2,len=cars.length;
for (; i<len; i++)
{ document.write(cars[i] + "<br>");
  }
```

(2) 语句 2。

通常语句 2 用于评估初始变量的条件。语句 2 同样是可选的。

如果语句 2 返回 true，则循环再次开始；如果返回 false，则循环将结束。

提示：如果省略了语句 2，那么必须在循环内提供 break，否则循环就无法停下来。

(3)语句 3。

通常语句 3 会增加初始变量的值。语句 3 也是可选的。

语句 3 有多种用法。增量可以是负数（i－－），或者更大（i=i+15）。

语句 3 也可以省略(如当循环内部有相应的代码块时)。

【例 12-5】 计算 1～100 的累加和（图 12-5）。

例 12-5

```html
<html><head><title></title>
<body>  <script language="JavaScript">
var iSum = 0;
for(var i = 0; i <= 100; i++)
    {  iSum += i;
    }
document.write(iSum);
</script>
</body></html>
```

图 12-5　计算 1～100 的累加和

12.6.2　for/in 语句

JavaScript 的 for/in 语句可用于遍历对象属性或数组元素。循环中的代码每执行一次，就会对数组的元素或者对象的属性进行一次操作。

实例：

```
var person={fname:"John",lname:"Doe",age:25};
for (x in person)
  {  txt=txt + person[x];
  }
```

12.6.3　while 与 do/while 语句

1.　while 语句

While 循环的目的是反复执行语句或代码块。只有指定条件为 true，循环就可以一直执行执行代码块。

语法：

while（条件）

　　{　需要执行的代码块

　　}

实例：

本例中的循环将继续运行，只要变量 i 小于 5。

```
while (i<5)
  {  x=x + "The number is " + i + "<br>";
     i++;
  }
```

提示： 如果忘记增加条件中所用变量的值，该循环永远不会结束，可能导致浏览器崩溃。

2. do/while 语句

do/while 语句是 while 语句的变体。在检查条件是否为 true 之前，该语句会执行一次代码块，然后如果条件为 true，就会重复这个循环。

语法：

do
  { 需要执行的代码块
  }
while（条件）；

实例：

```
do
  { x=x + "The number is " + i + "<br>";
    i++;
  }
while (i<5);
```

3. for 语句和 while 语句的比较

for 语句与 while 语句功能相似，区别在于 for 语句一般用于事先已知循环次数的循环，while 语句还可用于循环次数未知的循环。

1）for 语句实例

本例中的循环使用来显示 cars 数组中的所有值：

```
cars=["BMW","Volvo","Saab","Ford"];
var i=0;
for (;cars[i];)
{document.write(cars[i] + "<br>");
 i++;
 }
```

2）while 语句实例

本例中的循环使用 while 循环来显示 cars 数组中的所有值：

```
cars=["BMW","Volvo","Saab","Ford"];
var i=0;
while (cars[i])
{document.write(cars[i] + "<br>");
 i++;
 }
```

12.6.4 break 与 continue 语句

1. break 语句

break 语句可以用于跳出 switch 语句。break 语句也可用于跳出循环。break 语句跳出循环后，会继续执行该循环之后的代码(如果有)。

实例：

```
for (i=0;i<10;i++)
  { if (i==3)break;
    x=x + "The number is " + i + "<br>";
  }
```

2. continue 语句

continue 语句中断循环中的迭代，如果出现了指定的条件，则继续循环中的下一个迭代。

实例：

```
for (i=0;i<=10;i++)
  { if (i==3)continue;
    x=x + "The number is " + i + "<br>";
  }
```

该例子跳过了值 3。

12.7 JavaScript 函数

函数是由事件驱动的或者当它被调用时执行的可重复使用的代码块。

12.7.1 函数定义

JavaScript 函数定义语法如下：

function functionname( )

{这里是要执行的代码块

}

函数就是括在花括号中的代码块，前面使用了关键词 function，当调用该函数时，会执行函数内的代码。

12.7.2 带有返回值的函数

有时，我们会希望函数将值返回调用它的地方。通过使用 return 语句就可以实现。在使用 return 语句时，函数会停止执行，并返回指定的值。

```
function myFunction( )
{var x=5;
  return x;
}
```

上面的函数会返回值 5。

说明：整个 JavaScript 代码并不会停止执行，仅仅是停止函数执行。JavaScript 将从调用函数的地方，继续执行代码。函数调用将被返回值取代：

```
var myVar=myFunction( );
```

myVar 变量的值是 5，也就是函数 myFunction( )所返回的值。

实例：

计算两个数字的乘积，并返回结果：

```
function myFunction(a,b)
{return a*b;
}
```

在希望退出函数时，也可使用 return 语句。

```
function myFunction(a,b)
{if (a>b) return;
 x=a+b
}
```

如果 a 大于 b，则上面的代码将退出函数，并不会计算 a 和 b 的总和。

12.7.3 函数调用

函数是命名的语句段，这个语句段可以当作一个整体来引用和执行。可以在某事件发生时直接调用函数(如当用户单击按钮时)，并且可由 JavaScript 在任何位置进行调用。

若函数在页面起始位置定义，即<head>部分，就可以避免页面载入时执行该脚本。函数包含着一些代码，这些代码只能被事件激活，或者在函数被调用时才会执行。

可以在页面中的任何位置调用脚本(如果函数嵌入一个外部的.js 文件，那么甚至可以从其他的页面中调用)。

1. 调用无参数的函数

在页面中调用无参数的函数格式为：函数名( )

【例 12-6】调用无参函数(图 12-6)。

例 12-6

```
<html><head>
<script type="text/javascript">
function displaymessage( ){
alert("Hello World!")
}
</script>
</head><body>
<form><input type="button" value="Click me!" onclick="displaymessage()">
</form></body></html>
```

假如上面的例子中的 alert("Hello world!!")没有写入函数，那么当页面被载入时它就会执行。给按钮添加了 onClick 事件，这样按钮被单击时函数才会执行。

图 12-6　调用无参函数

提示：JavaScript 对大小写敏感。关键词 function 必须是小写的，并且必须以与函数名称相同的大小写来调用函数。

2. 调用带参数的函数

在调用函数时，可以向其传递值，这些值称为参数。这些参数可以在函数中使用。

调用带参数的函数格式为：myFunction(argument1,argument2)。

声明函数时，把参数作为变量来声明：

```
function myFunction(var1,var2)
{这里是要执行的代码块
}
```

变量和参数必须以一致的顺序出现。第一个变量就是第一个被传递的参数的给定的值，以此类推。

【例 12-7】调用有参函数(图 12-7)。

例 12-7

```
<html><head>
<script type="text/javascript">
function myFunction(name,job)
{alert("Welcome " + name + ", the " + job);
}
</script></head>
<body>
<form><button onclick="myFunction('Bill Gates','CEO')">点击这里</button></form>
</body></html>
```

当单击按钮时调用上面的函数提示 Welcome Bill Gates, the CEO。

图 12-7　调用有参函数

函数很灵活，可以使用不同的参数来调用该函数，这样就会给出不同的消息。

实例：

```
<button onclick="myFunction('Harry Potter','Wizard')">点击这里</button>
<button onclick="myFunction('Bob','Builder')">点击这里</button>
```

根据单击的按钮的不同，上面的例子会提示 Welcome Harry Potter, the Wizard 或 Welcome Bob, the Builder。

提示：

使用函数要注意以下几点：

(1)函数由关键字 function 定义(也可由 Function()构造函数构造)。

（2）函数名是调用函数时引用的名称，区分大小写，调用函数时不可写错函数名。

（3）参数表示传递给函数使用或操作的值，它可以是常量，也可以是变量，还可以是函数，在函数内部可以通过 arguments 对象访问所有参数。

（4）return 语句用于返回表达式的值。

12.8　JavaScript 内置对象

JavaScript 中的所有事物都是对象：字符串、数字、数组、日期等。在 JavaScript 中，对象是拥有属性和方法的数据。

12.8.1　属性和方法

属性是与对象相关的值。方法是能够在对象上执行的动作。

例如，汽车就是现实生活中的对象。汽车的属性有：

```
car.name=Fiat
car.model=500
car.weight=850kg
car.color=white
```

汽车的方法有 car.start( )、car.drive( )、car.brake( )。

汽车的属性包括名称、型号、重量、颜色等。所有汽车都有这些属性，但是每款车的属性都不尽相同。

汽车的方法可以是启动、驾驶、刹车等。所有汽车都拥有这些方法，但是它们被执行的时间都不尽相同。

这样声明一个 JavaScript 变量时：

```
var txt = "Hello";
```

实际上已经创建了一个 JavaScript 字符串对象。字符串对象拥有内建的属性 length。对于上面的字符串对象来说，length 的值是 5。字符串对象同时拥有若干个内建的方法。

也可以创建自己的对象。本例创建名为 person 的对象，并为其添加了四个属性：

```
person=new Object( );
person.firstname="Bill";
person.lastname="Gates";
person.age=56;
person.eyecolor="blue";
```

访问对象属性的语法是：对象名.属性名。

```
var message="Hello World!";
var x=message.length;
```

以上代码执行后，x 的值是 12。

访问对象方法的语法是：对象名.方法名。

```
var message="Hello world!";
var x=message.toUpperCase( );
```

以上代码执行后，x 的值是 Hello world!。

12.8.2 Date 对象

Date（日期时间）对象用于处理日期和时间。Date 对象会自动把当前日期和时间保存为其初始值。

可以通过 new 关键词来定义 Date 对象。

以下代码定义了名为 myDate 的 Date 对象：

```
var myDate=new Date( )
```

例如，输出今天的日期和时间：

```
<script type="text/javascript">
document.write(Date( ))
</script>
```

输出：Sun Dec 28 18:13:13 2014。

Date 对象方法如表 12-5 所示。

表 12-5　Date 对象方法

方法	描述
Date( )	返回当日的日期和时间
getDate( )	从 Date 对象返回一个月中的某一天（1～31）
getDay( )	从 Date 对象返回一周中的某一天（0～6）
getMonth( )	从 Date 对象返回月份（0～11）
getFullYear( )	从 Date 对象以四位数字返回年份
getYear( )	使用 getFullYear( )方法代替
getHours( )	返回 Date 对象的小时数（0～23）
getMinutes( )	返回 Date 对象的分钟数（0～59）
getSeconds( )	返回 Date 对象的秒数（0～59）
getMilliseconds( )	返回 Date 对象的毫秒数（0～999）
getTime( )	返回 1970 年 1 月 1 日至今的毫秒数
setDate( )	设置 Date 对象中月的某一天（1～31）
setMonth( )	设置 Date 对象中月份（0～11）
setFullYear( )	设置 Date 对象中的年份(四位数字)
setYear( )	使用 setFullYear( )方法代替
setHours( )	设置 Date 对象中的小时数（0～23）
setMinutes( )	设置 Date 对象中的分钟数（0～59）
setSeconds( )	设置 Date 对象中的秒数（0～59）

【例 12-8】在网页上显示一个钟表（图 12-8）。

```
<html><head>
<script type="text/javascript">
```

例 12-8

```
function startTime( )
{var today=new Date( )
 var h=today.getHours( )
 var m=today.getMinutes( )
 var s=today.getSeconds( )
 // add a zero in front of numbers<10
 m=checkTime(m)
 s=checkTime(s)
 document.getElementById('txt').innerHTML=h+":"+m+":"+s
 t=setTimeout('startTime( )',500)
}

function checkTime(i)
{if (i<10)
  {i="0" + i}
    return i
}
</script></head>
<body onload="startTime( )">
<div id="txt"></div>
</body></html>
```

【例 12-9】显示当前星期(图 12-9)。

```
<html><body>
<script type="text/javascript">
var d=new Date( )
var weekday=new Array(7)
weekday[0]="星期日"
weekday[1]="星期一"
weekday[2]="星期二"
weekday[3]="星期三"
weekday[4]="星期四"
weekday[5]="星期五"
weekday[6]="星期六"
document.write("今天是" + weekday[d.getDay( )])
</script></body></html>
```

例 12-9

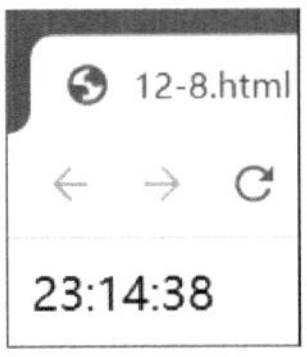

图 12-8　网页上显示钟表 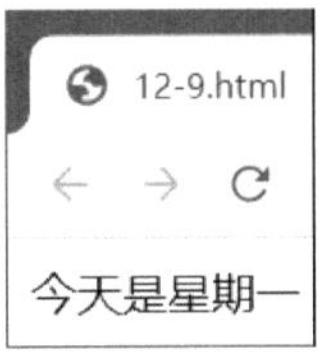　　　　图 12-9　显示当前星期

12.8.3　Math 对象

Math 对象用于执行数学任务。

注意：Math 对象并不像 Date 和 String 是对象的类，因此没有构造函数 Math()，像

Math.sin()这样的函数只是函数，不是某个对象的方法，无须创建它，通过把 Math 作为对象使用就可以调用其所有属性和方法(相当于静态类和静态方法)。

使用 Math 的属性和方法的语法：

var pi_value=Math.PI;

var sqrt_value=Math.sqrt(15);

1. Math 对象属性

Math 对象属性如表 12-6 所示。

表 12-6　Math 对象属性

属性	描述
E	返回算术常量 e，即自然对数的底数(约等于 2.718)
LN2	返回 2 的自然对数(约等于 0.693)
LN10	返回 10 的自然对数(约等于 2.302)
LOG2E	返回以 2 为底的 e 的对数(约等于 1.414)
LOG10E	返回以 10 为底的 e 的对数(约等于 0.434)
PI	返回圆周率(约等于 3.14159)
SQRT1_2	返回 2 的平方根的倒数(约等于 0.707)
SQRT2	返回 2 的平方根(约等于 1.414)

2. Math 对象方法

Math 对象方法如表 12-7 所示。

表 12-7　Math 对象方法

方法	描述
abs(x)	返回数的绝对值
acos(x)	返回数的反余弦值
asin(x)	返回数的反正弦值
atan(x)	以介于 $-PI/2 \sim PI/2$ 弧度的数值来返回 x 的反正切值
atan2(y,x)	返回从 x 轴到点 (x,y) 的角度(介于 $-PI/2 \sim PI/2$ 弧度)
ceil(x)	对数进行上舍入
cos(x)	返回数的余弦值
exp(x)	返回 e 的指数
floor(x)	对数进行下舍入
log(x)	返回数的自然对数(底为 e)
max(x,y)	返回 x 和 y 中的最高值
min(x,y)	返回 x 和 y 中的最低值
pow(x,y)	返回 x 的 y 次幂
random()	返回 0~1 的随机数
round(x)	把数四舍五入为最接近的整数
sin(x)	返回数的正弦值
sqrt(x)	返回数的平方根

方法	描述
tan(x)	返回角的正切值
toSource()	返回该对象的源代码
valueOf()	返回 Math 对象的原始值

例如：

用 Math 对象的 round() 方法对一个数进行四舍五入，document.write(Math.round(4.7)) 输出为 5。

用 Math 对象的 floor() 方法和 random() 来返回一个介于 0～10 的随机数：document.write(Math.floor(Math.random()*11))。

12.8.4 String 对象

字符串型是 JavaScript 的一种基本的数据类型。String 对象用于处理文本(字符串)。String 类定义了大量操作字符串的方法，一般分为这样几类：查找子字符串、截取字符串、分割和拼接字符串，匹配正则表达式，改变字符串样式等。

1. 创建 String 对象

```
var str = "Hello World";
var str1 = new String(str);
var str = String("Hello World");
```

一般格式：

var 变量名=new String(s);

var 变量名=String(s);

参数 s 是存储在 String 对象中或转换成原始字符串的值。

当 String() 和运算符 new 一起作为构造函数使用时，它返回一个新创建的 String 对象，存放的是字符串 s 或 s 的字符串表示。

当不用 new 运算符调用 String() 时，它只把 s 转换成原始的字符串，并返回转换后的值。

2. String 对象属性

String 对象属性如表 12-8 所示。

表 12-8　String 对象属性

属性	描述
constructor	对创建该对象的函数的引用
length	字符串的长度
prototype	允许向对象添加属性和方法

3. String 对象方法

String 对象方法如表 12-9 所示。

表 12-9 String 对象方法

方法	描述
anchor( )	创建 HTML 锚
big( )	用大号字体显示字符串
blink( )	显示闪动字符串
bold( )	使用粗体显示字符串
charAt( )	返回在指定位置的字符
concat( )	连接字符串
fixed( )	以打字机文本显示字符串
fontcolor( )	使用指定的颜色来显示字符串
fontsize( )	使用指定的尺寸来显示字符串
fromCharCode( )	从字符编码创建一个字符串
indexOf( )	检索字符串
italics( )	使用斜体显示字符串
lastIndexOf( )	从后向前搜索字符串
link( )	将字符串显示为链接
localeCompare( )	用本地特定的顺序来比较两个字符串
match( )	找到一个或多个正则表达式的匹配
replace( )	替换与正则表达式匹配的子串
search( )	检索与正则表达式相匹配的值
slice( )	提取字符串的片断,并在新的字符串中返回被提取的部分
small( )	使用小字号来显示字符串
split( )	把字符串分割为字符串数组
strike( )	使用删除线来显示字符串
sub( )	把字符串显示为下标
substr( )	从起始索引号提取字符串中指定数目的字符
substring( )	提取字符串中两个指定的索引号之间的字符
sup( )	把字符串显示为上标
toLowerCase( )	把字符串转换为小写
toUpperCase( )	把字符串转换为大写
toSource( )	代表对象的源代码
toString( )	返回字符串
valueOf( )	返回某个字符串对象的原始值

注意:JavaScript 的字符串不可变(Immutable),String 类定义的方法都不能改变字符串的内容。像 String.toUpperCase( )这样的方法,返回的是全新的字符串,而不是修改原始字符串。

【例 12-10】String 对象方法举例(图 12-10)。

例 12-10

```
<html><head></head><body>
    <script language="JavaScript">
        var str = "I am a girl, I like programming!";
        a = str.charAt(7);
        b = str.indexOf("a");
```

```
        c = str.lastIndexOf("a");
        d = str.length;
        e = str.toUpperCase( );
        document.write(a + "<br>"); document.write(b + "<br>");
        document.write(c + "<br>"); document.write(d + "<br>");
document.write(e + "<br>")
    </script></body></html>
```

图 12-10　String 对象方法举例

12.9　表　单　校　验

JavaScript 可用来在数据被送往服务器前对 HTML 表单中的这些输入数据进行验证。

被 JavaScript 验证的这些典型的表单数据有：

(1)用户是否已填写表单中的必填项目；

(2)用户输入的邮件地址是否合法；

(3)用户是否已输入合法的日期；

(4)用户是否在数据域（Numeric Field)中输入了文本。

12.9.1　必填项目校验

【例 12-11】表单必填项目校验(图 12-11)。

下面的函数用来检查用户是否已填写表单中的必填(或必选)项目。假如必填或必选项为空，那么警告框会弹出，并且函数的返回值为 false，否则函数的返回值则为 true(意味着数据没有问题)。

```
<html><head>
<script type="text/javascript">
function validate_required(field,alerttxt)
{with (field)
  { if (value==null||value=="")
    {alert(alerttxt); return false}
  else {return true}
  }
}

function validate_form(thisform)
{ with (thisform)
  { if (validate_required(email,"E-mail must be filled out!")==false)
    {email.focus( ); return false}
```

例 12-11

```
        }
     }
</script></head>
<body><form action="submitpage.htm" onsubmit="return validate_form(this)"
method="post">
     E-mail: <input type="text" name="email" size="30">
     <input type="submit" value="Submit">
     </form>
</body></html>
```

图 12-11　表单必填项目校验

12.9.2　E-mail 验证

下面的函数检查输入的数据是否符合电子邮件地址的基本语法，即输入的数据必须包含"@"符号和点号(.)。同时，"@"不可以是邮件地址的首字符，并且"@"之后需有至少一个点号。

【例 12-12】E-mail 验证(图 12-12)。

例 12-12

```
<html><head>
<script type="text/javascript">
function validate_email(field,alerttxt)
{with (field)
{apos=value.indexOf("@")
dotpos=value.lastIndexOf(".")
if (apos<1||dotpos-apos<2)
  {alert(alerttxt); return false}
else {return true}
}
}
function validate_form(thisform)
{with (thisform)
{
if (validate_email(email,"Not a valid e-mail address!")==false)
  {email.focus( ); return false}
}
}
</script>
</head>
<body><form action="submitpage.htm" onsubmit="return validate_form(this);"
method="post">
     E-mail: <input type="text" name="email" size="30">
```

```
<input type="submit" value="Submit">
</form>
</body></html>
```

图 12-12　E-mail 验证

注意：indexOf()方法可返回某个指定的字符串值在字符串中首次出现的位置。indexOf区分大小写，并且下标从 0 开始。如果要检索的字符串值没有出现，则该方法返回–1。

lastIndexOf()方法可返回一个指定的字符串值最后出现的位置，在一个字符串中的指定位置从后向前搜索。如果要检索的字符串值没有出现，则该方法返回–1。

12.10　事　件　响　应

12.10.1　事件处理的基本概念

事件是浏览器响应用户交互操作的一种机制，JavaScript 的事件处理机制可以改变浏览器响应用户操作的方式，这样就能开发出具有交互性并易于使用的网页。

事件是可以被 JavaScript 侦测到的行为。例如，在用户单击某按钮时产生一个 onClick 事件来触发某个函数。浏览器为了响应某个事件而进行的处理过程称为事件处理。浏览器在程序运行的大部分时间都在等待交互事件的发生，并在事件发生时，自动调用事件处理函数，完成事件处理过程。

网页中的每个元素都可以产生某些可以触发 JavaScript 函数的事件。例如，单击、页面或图像载入、鼠标指针悬浮于页面的某个热点之上、在表单中选取文本框、确认表单、键盘按键等。

事件不仅可以在用户交互过程中产生，浏览器自己的一些动作也可以产生事件，如载入一个页面时，发生 onLoad 事件。必须使用的事件有三大类：

(1)引起页面之间跳转的事件主要是超链接事件。

(2)事件浏览器自己引起的事件。

(3)事件在表单内部与界面对象的交互。

注意：事件通常与函数配合使用，当事件发生时函数才会执行。

12.10.2　HTML 事件

事件通常与函数配合使用，这样就可以通过发生的事件来驱动函数执行。HTML4.0 的新特性之一是有能力使 HTML 事件触发浏览器中的动作，如当用户单击某个 HTML 元素时启动一段 JavaScript 脚本。HTML 事件属性列表如表 12-10 所示，这些属性可插入 HTML 标签来定义事件动作。

表 12-10　HTML 事件属性

属性	当以下情况发生时，出现此事件
onabort	图像加载被中断
onblur	元素失去焦点
onchange	用户改变域的内容
onclick	单击某个对象
ondblclick	双击某个对象
onerror	当加载文档或图像时发生某个错误
onfocus	元素获得焦点
onkeydown	某个键盘的键被按下
onkeypress	某个键盘的键被按下
onkeyup	某个键盘的键被松开
onload	某个页面或图像被完成加载
onmousedown	某个鼠标按键被按下
onmousemove	鼠标被移动
onmouseout	鼠标指针从某元素移开
onmouseover	鼠标指针移到某元素之上
onmouseup	某个鼠标按键被松开
onreset	单击"重置"按钮
onresize	窗口或框架被调整尺寸
onselect	文本被选定
onsubmit	单击"提交"按钮
onunload	用户退出页面

12.10.3　事件分类

1. onLoad 和 onUnload 事件

当用户进入或离开页面时就会触发 onLoad 和 onUnload 事件。

onLoad 事件常用来检测访问者的浏览器类型和版本，然后根据这些信息载入特定版本的网页。

onLoad 和 onUnload 事件也常用来处理用户进入或离开页面时所建立的 cookie。例如，当某用户第一次进入页面时，可以使用消息框来询问用户的姓名。姓名会保存在 cookie 中。当用户再次进入这个页面时，可以使用另一个消息框来和这个用户打招呼：Welcome John Doe!。

2. onFocus、onBlur 和 onChange 事件

onFocus、onBlur 和 onChange 事件通常相互配合用来验证表单。

下面是一个使用 onChange 事件的例子。用户一旦改变了域的内容，checkEmail()函数就会被调用。

```
<input type="text" size="30" id="email" onchange="checkEmail( )">
```

3. onSubmit 事件

onSubmit 用于在提交表单之前验证所有的表单域。

下面是一个使用 onSubmit 事件的例子。当用户单击表单中的"确认"按钮时，checkForm()函数就会被调用。假若域的值无效，此次提交就会被取消。checkForm()函数的返回值是 true 或者 false。如果返回值为 true，则提交表单；反之取消提交。

```
<form method="post" action="xxx.htm" onsubmit="return checkForm( )">
```

4. onMouseOver 和 onMouseOut 事件

onMouseOver 和 onMouseOut 用来创建"动态的"按钮。

下面是一个使用 onMouseOver 事件的例子。当 onMouseOver 事件被脚本侦测到时，就会弹出一个警告框：

```
<a href="" onmouseover="alert('An onMouseOver event');return false"> <img
src="" width="100" height="30"> </a>
```

习 题 12

1. 用 JavaScript 的方法在网页中输出下列数字：
(1) 1～100，数字之间以空格间隔；
(2) 1～100 中的偶数，数字之间以空格间隔；
(3) 1～100 中的奇数和；
(4) 1～100 中 5 的倍数，分多行显示，每行显示 5 个数字。

2. 编写一个验证程序，验证表单 login，使文本框 username 不能为空，密码框 pw 和验证密码 pwd2 的输入内容必须相同。验证成功提交表单 login，不成功则弹出对话框进行提示。

3. 编写一个程序，在网页上显示当前的日期和星期。

参 考 文 献

储良久, 2013. Web 前端开发技术实验与实践——HTML、CSS、JavaScript[M]. 北京: 清华大学出版社.

丁海燕, 2012. Dreamweaver 网页设计与制作案例教程[M]. 北京: 清华大学出版社.

丁海燕, 2016. Dreamweaver CS5 网页设计与制作实战教程[M]. 2 版. 北京: 清华大学出版社.

缪亮, 孙毅芳, 2017. 网页设计与制作实用教程(Dreamweaver+Flash+Photoshop): 微课版[M]. 3 版. 北京: 清华大学出版社.

于莉莉, 刘越, 苏晓光, 2019. Dreamweaver CC 2019 网页制作实例教程(微课版)[M]. 北京: 清华大学出版社.